*Susanne Maria Emka*

# 111 Gartenmythen, die auf den Kompost gehören

111



emons:

**Bibliografische Information der Deutschen Nationalbibliothek**
Die Deutsche Nationalbibliothek verzeichnet diese Publikation in der Deutschen Nationalbibliografie; detaillierte bibliografische Daten sind im Internet über http://dnb.d-nb.de abrufbar.

MIX
Papier | Fördert gute Waldnutzung
FSC® C177064
www.fsc.org


Cäcilienstraße 48
50667 Köln
info@emons-verlag.de

Covermotiv: shutterstock/Jag_cz, shutterstock/Alohaflaminggo, shutterstock/OlekStock, shutterstock/UbjsP, shutterstock/Eric Isselee, shutterstock/reflexion I nature, shutterstock/ibrahim kavus, shutterstock/olko1975, Canva/jiraphoto
Covergestaltung: Karolin Meinert
Lektorat: Julia Lorenzer
Layout: Eva Kraskes, nach einem Konzept von Lübbeke | Naumann | Thoben
Druck und Bindung: sourc-e GmbH
Printed in Germany 2025
ISBN 978-3-7408-2421-1

# Vorwort

Wir irren uns täglich – zigfach. Sich dies einzugestehen ist ungemütlich. Sobald wir Informationen als »korrekt« abgespeichert haben, betrachten wir sie als objektiv wahr und richten unser Handeln danach aus. Deshalb verstümmeln wir Bäume, vergrämen dunkle Eichhörnchen und streuen Blaukorn in die Beete. Im Garten treffen wissenschaftlich belegbare Fakten auf Emotionen und Traditionen – und auf hartnäckige Mythen. Keiner ist vor diesen Irrtümern gefeit, denn es kostet Zeit, sich fundiert zu informieren. Wissenschaft steht zudem nicht still. Beständig kommen neue Erkenntnisse hinzu. Klar ist aber auch: Jeder kann dazu beitragen, dass sich Halbwissen oder Falschannahmen nicht weiter verbreiten.

Niemand startet dabei als Experte. Als gärtnerisches Greenhorn erhielt ich vor anderthalb Jahrzehnten für mein neues Freiluftrechteck zahlreiche Tipps von »alten Hasen«. Manche davon waren brauchbar, viele waren im Rückblick äußerst fragwürdig. Da stand ich damals und besprühte Blattläuse mit Spüli-Mischung, beäugte Fraßspuren an Blättern, mähte 14-tägig den Rasen. Weil *man* das eben so machen muss. Dachte ich.

Einige Jahre später saß ich Ende Mai inmitten meines inzwischen sehr adretten Gartens. Doch nirgendwo tummelte sich ein einziges Insekt. Mir dämmerte auf schmerzliche Weise, dass ich mich im Gartenlabyrinth verlaufen hatte. Ein ungewöhnliches Gartenbuch war meine Rettung …

Heute möchte ich Ihnen mit diesem Buch Impulse geben, vermeintliche Fakten zu hinterfragen und bisher ungeahnte Alternativen in Betracht zu ziehen. Denn die meisten davon sparen Zeit, Geld, Nerven und weitere wertvolle Ressourcen. Vor allem aber schaffen sie Mehrwert für viele. Unsere Mitgeschöpfe und wir haben mehr verdient als Ödnis unter freiem Himmel. Ich wünsche Ihnen das Erlebnis wunderbarer Vielfalt, die sich einstellt, wenn wir uns aufmachen, die (Garten-)Welt mit anderen Augen zu sehen.

Ihre Susanne Maria Emka

# 111 Gartenmythen

# 1 »Mensch braucht keinen Garten.«

*Über ein urmenschliches Betätigungsfeld*

Während die einen im Gartenglück schwelgen, empfinden andere schon beim Gedanken an ihren Garten eine Last auf den Schultern: wuchernde Pflanzen, gefräßige Tiere, Verbindlichkeiten … Wozu ein Garten, wenn doch der nächste Park nur wenige Gehminuten entfernt liegt und man seine kostbare Freizeit statt der lästigen Gartenarbeit allerlei anderen Hobbys widmen könnte?

Gärten waren und sind Menschenwerk, ein Stück gestaltete Natur. Hier gedeihen (oder darben) Pflanzen, die ohne unser Zutun an diesem Ort nicht – beziehungsweise nicht in dieser Form – wachsen würden. War er lange Zeit lebensnotwendig und unentbehrlich, ist der Garten heute eher ein Sehnsuchts- und Rückzugsort, den wir nach unserem Geschmack und unseren Bedürfnissen arrangieren. Ein Platz, an dem Kinder sicher und jederzeit spielen können. Ein Ort der Ruhe, Privatsphäre, Entspannung und Kreativität. Kurz gesagt: ein begrenztes Stück Grün unter Eigenregie und optimalerweise direkt vor der Tür. Allein die Tatsache, dass eine ganze Industrie milliardenschwere Umsätze mit Gartenprodukten macht, spricht Bände.

Für viele Menschen – doch längst nicht für alle – sind und bleiben Gärten Lebensträume. Sie repräsentieren uns und ein Stück Lebensgeschichte, wie Omas Lieblingsrhododendron oder das von Papa gezimmerte Gartenhäuschen. Für Wildtiere sind Gärten Lebensräume. Vor unserer Nase ereignet sich nicht nur das Wunder des Lebens in jahreszeitlicher Abfolge, sondern ein knallharter Überlebenskampf – von Individuen, aber auch von ganzen Arten, die wir bis vor Kurzem als selbstverständlich erachteten.

Während die Menschen in früheren Zeiten der Natur ihre Gärten zum Anbau von Nahrung abtrotzen mussten, muss sie uns heute etwas abringen: in jeder Fuge, in jedem Topf, in jedem Beet. Wie sich diese Interaktion gestaltet, liegt an uns und unserem Wissen über die Zusammenhänge in unserem grünen Wohnzimmer.

Die Geschichte des Gartens reicht zurück bis in die Steinzeit. Wer sich auf das grüne Abenteuer einlässt, erlebt pulsierende Lebendigkeit und echte Glücksmomente – nicht nur bei der Ernte.

# 2 »Garten ist Garten.«

*Im Begriffsdschungel*

Gartenbezeichnungen sind vielfältig und mitunter verwirrend. Aber ist es am Ende nicht egal, wie ein Garten heißt? Es lohnt sich, etwas Licht in das Begriffswirrwarr zu bringen und die dahinterstehenden Grundgedanken nachzuvollziehen.

Ein *Nutzgarten* (bio oder konventionell) beherbergt Obst, Gemüse und Kräuter. Das in vielen Städten beliebte *Urban Gardening*, also das Gärtnern auf Brachen oder Dächern mitten in der Stadt, fällt unter diese Rubrik, ebenso der *Interkulturelle Garten*, der besonderen Wert auf Gemeinschaft und Begegnung legt. Auch *Permakultur*, ein auf Kreisläufen und natürlichen Ökosystemen basierendes Konzept, reiht sich hier ein. Im Gegensatz dazu ist der *Ziergarten* das, was wir klassischerweise kennen: immergrüne Thuja- oder Kirschlorbeerhecken, Staudenbeete mit Rindenmulch, Zierpflanzen und getrimmter Rasen.

Der *Bauerngarten* hat seine ursprüngliche Bedeutung eingebüßt. Lieferte er früher Nutz- und Heilpflanzen, beherbergt er heute meist üppige Blumenbeete mit Wildstauden sowie Zierpflanzen aller Art. Ein Bio- oder Ökogarten als Nutzgarten kommt ohne Chemie und Kunstdünger aus. Nicht gleichgesetzt werden kann er mit dem *Naturgarten*. Hier dienen dem Gärtner natürliche Pflanzengemeinschaften als Vorbild. Die Gestaltung orientiert sich an den für die Region typischen Pflanzen und Lebensräumen wie Blumenwiese, Wildsträucherhecke und Naturteich. Der Naturgarten ist kostensparend, nachhaltig, pflegeleicht und oft mit einem Bio-Nutzgarten kombiniert. Für Wildtiere bietet er den größten Mehrwert. Der *Drei-Zonen-Garten* (auch *Hortus* genannt) nach Markus Gastl verbindet Permakultur und Naturgarten.

Der *Naturerlebnisgarten* ist eine Weiterentwicklung der Naturgartenidee. Hier stehen vielfältige Sinneseindrücke und das Erleben der Jahreszeiten im Vordergrund. Er steckt voller Leben, Entdeckungs- und Spielmöglichkeiten und kommt so den Bedürfnissen von Kindern besonders entgegen.

Dieser Naturerlebnispausenhof einer Grundschule zeigt, wie nachhaltig, ästhetisch ansprechend und pädagogisch wertvoll sich öffentliche Grünflächen auch im Ballungsraum gestalten lassen.

# 3 »Das muss so sein.«

*Die Frage nach Gartenvorbildern*

Ein Blick auf Gärten im Umfeld oder im Netz verleitet zu dem Schluss, dass Menschen erstaunlich ähnliche Vorstellungen von ihrem Wunschgrün haben: Rasen in der Mitte, eingefasst durch gemulchte Beete, ein, zwei Bäume, eine geflieste oder beplankte Terrasse, gepflasterte Wege. Die meisten neu angelegten Gärten folgen standardisierten Lösungen und lassen wenig Raum für Kreativität und Vielfalt. Sie ähneln sich trotz unterschiedlicher Größe, Licht- und Bodensituation sowie Umgebung frappierend. Kein Wunder, denn wir orientieren uns gewöhnlich an Bekanntem und nehmen dies als unsere Referenz.

Möchten wir dazu auch noch das allgemeine Bild in der Nachbarschaft wahren? Dann steigt die Wahrscheinlichkeit, dass wir am Ende auf einer eckigen Terrasse sitzen, über gepflasterte Wege gehen und mindestens alle 14 Tage an gemulchten Beeten als Einfassung des Ensembles entlangmähen. Mit dem Ergebnis sind wir nicht unbedingt glücklich. Selbst Gartenbaufirmen bieten selten wirklich Innovatives.

Dabei muss die Gestaltung eines Gartens keineswegs einem standardisierten Modell folgen. Denn es gibt sie, die alternativen Vorbilder. Nur eben nicht zwangsläufig um die Ecke. Wichtig hierfür ist, von gesetzten Wahrheiten und verinnerlichten Bildern abzurücken und offen zu sein. Wäre ein strukturreicher Garten, in dem man riechen, hören, schmecken und beobachten kann, nicht viel interessanter als einer nach Schema F? Darf sich der Garten entwickeln, ohne dass man selbst nervös mit den Hufen scharrt und überlegt, ob man zuerst die Heckenschere, den Kantentrimmer oder den Mähroboter anwirft?

Eine hervorragende Gelegenheit, um Inspirationen zu sammeln und Erfahrungen auszutauschen, bieten Veranstaltungen im Rahmen der »offenen Gartenpforte«, die viele Gartenbauvereine alljährlich organisieren. Wer einmal über den Tellerrand blickt, wird erstaunt sein, was selbst im kleinen Garten möglich ist.

Gärten anderer laden dazu ein, sich inspirieren zu lassen, bisher unbekannte Wege zu gehen und einen neuen Blick auf diesen für unsere Regeneration so wichtigen und sinnstiftenden Außenraum zu gewinnen.

# 4 »Mein Garten gehört mir.«

*Eine fast philosophische Frage*

Angenommen, Sie zählen zu den privilegierten Menschen, deren Garten per Grundbucheintrag Ihnen gehört. Selbstverständlich sprechen Sie von *Ihrem* Garten. Niemand würde Sie als Besitzer anzweifeln.

Aber es gibt noch einen anderen Aspekt, den wir bei dieser Betrachtungsweise gern außer Acht lassen: Weder Sie noch ich wohnen im Garten. Der Garten ist Teil unseres Lebensraums, aber er *ist* nicht unser Lebensraum. Wir müssen dort nicht schlafen oder unsere Kinder großziehen. Wir sind – anders als unsere Vorfahren – nicht auf die Nahrungsmittel aus unserem Garten angewiesen. Auch überwintern muss dort niemand. Wir könnten ohne unseren Garten leben, wenn wir es müssten.

Für die Wildtiere in unserem Umfeld (auch wenn es noch so leer scheinen mag, sie existieren) trifft all dies nicht zu. Sie sind aufgrund ausgeräumter Landschaften zunehmend auf artenreich gestaltete Gärten als Lebensräume und Trittsteine angewiesen. Etwa das Eichhörnchen, das auf Nachbars Fichte seinen Kobel gebaut hat, die Blaumeise, die an unseren Pflanzen Läuse für die Brut absammelt, der Igel, der auf Nahrungssuche weite Strecken zurücklegt und mit vielen Hürden zu kämpfen hat. Selbst für jeden Regenwurm und jede Kellerassel ist unser Garten ein Zuhause.

Im Freien teilen wir Lebensraum automatisch mit den Wildtieren (und -pflanzen) unserer Umgebung. Wir müssen uns daher zwangsläufig fragen: Inwieweit wollen wir sie und ihre Bedürfnisse in unser Gartenkonzept integrieren? Ein Garten ist allerdings kein Naturschutzgebiet, sondern primär »Menschenschutzgebiet«, wie der Biologe und Naturgartenplaner Reinhard Witt es formuliert. Er ist genutzter Lebensraum für seine menschlichen Bewohner und beherbergt je nach unseren Gestaltungsvorlieben mehr oder weniger Tiere und Pflanzen. Wenn wir ihn aber als Leihgabe der Erde betrachten und dort, wo immer möglich, im Einklang mit der Natur agieren, profitieren von »Mein« und »Dein« am Ende viele.

Welche Wildtiere in unseren Garten einziehen, hängt nicht nur von der Umgebung ab, in welcher dieser liegt, sondern maßgeblich von unserer Gestaltung (Foto: Laubfrosch).

# 5 »Ordnung ist das halbe Leben.«

*Von falsch verstandener Tugend*

Hand aufs Herz: Verbinden Sie mit dem Begriff »Wildheit im Garten« das Bild von chaotischem Gewucher? Mit Gartenbesitzern, die das mit der Pflege nicht geregelt kriegen und dadurch ihre Nachbarn belästigen? Am Ordnungssinn entbrennen leider ganze Nachbarschaftskriege.

Ordnungsliebe mag im Alltag oft ein Segen sein. Im Garten verhindert sie Struktur- und damit Artenvielfalt. Wer jedes Blatt entfernt, Rasen nie höher als fünf Zentimeter werden lässt und jeden potenziellen Unterschlupf beseitigt, unterbindet Entwicklung, die einen Garten lebendig macht. Für viele Menschen ist es allerdings eine große Herausforderung, »Unordnung« zuzulassen. Ein guter Weg kann es sein, sich mit einer wilden Ecke heranzutasten. Darunter versteht man einen Bereich, der sich über einen längeren Zeitraum ungestört entwickeln darf. Die Natur demonstriert hier meisterhaft, wie Flächen sich selbst gestalten. Standortangepasste Pflanzen siedeln sich an – und damit früher oder später Wildtiere.

Mit folgenden Leitfragen lässt sich das Thema auf drei verschiedene Weisen angehen: Wie groß soll die wilde Ecke werden? Anschließend lässt sich der Platzbedarf abschätzen. Wo soll die wilde Ecke sein? Es schließen sich Überlegungen zur »Gestaltung« an. Welche Ecke entwickelt sich bereits jetzt zur wilden Ecke? Sie kann dann belassen oder mit Naturmodulen aufgewertet werden.

Unter Naturmodulen (Minibiotopen) versteht man kleine Baueinheiten, die Lebensraum schaffen und den Garten ökologisch wie gestalterisch aufwerten (→ Kapitel 33). Hierzu zählen zum Beispiel Steinhaufen oder Totholzelemente. Wilde Ecken bieten unter anderem Nahrung, Nist- und Überwinterungsplätze. Sie fördern nicht nur die lokale Artenvielfalt, sondern erleichtern auch die Gartenarbeit. Geben Sie Günsel und Co. eine Chance. Vielleicht ist Ihr Nachbar deutlich aufgeschlossener, als Sie glauben.

Darf das bleiben, oder soll das weg? Wer manche Ecken der natürlichen Dynamik überlässt, wird über das Ergebnis staunen.

# 6 »Das wächst mir über den Kopf!«

*Vertrauen statt Kontrollzwang*

Ob wir wollen oder nicht: Viele Dinge passieren auf unterbewusster Ebene. Das betrifft auch unser »Gartenmindset«. Warum betrauern wir ein totes Vogelbaby, zerschneiden Schnecken aber ohne Mitleid? Wieso empfinden wir einen Schmetterling als schön, stufen seine Raupe aber als Bedrohung ein? Warum schaffen wir es nicht, im Garten einfach mal die Füße stillzuhalten? Wir hören es nicht gern, aber die Angst vor Kontrollverlust versetzt unser Gehirn in Stress. Und dieser produziert teils irrationale Verhaltensweisen. Anders ist es schwer zu erklären, warum wir uns – anstatt zu genießen – immer in Habachtstellung begeben, wenn wir durch den Garten streifen.

Doch wie in allen Lebensbereichen gilt auch für Gärtnernde: Wenn wir unsere Schwachstellen kennen, können wir an ihnen arbeiten und klügere Entscheidungen treffen. Wir gewinnen ein Stück Gelassenheit zurück, wenn wir durch unser grünes Wohnzimmer flanieren und beobachten: Drei Kartoffelkäfer im Garten werden unsere Ernährungssicherheit nicht gefährden. Der abgefressene Salat ist zweifellos ärgerlich, aber kein Grund für hohen Blutdruck. Läuse werden gebraucht. Nicht von uns, aber den Vogelbabys in der Hecke gönnen wir doch den besten Start ins Leben. Und nein: Die Pflanzen nehmen keinen bleibenden Schaden. Allein deswegen, weil das Läuseangebot von Marienkäfern und Co. nicht unentdeckt bleiben wird.

Die Natur regelt viele vermeintliche Probleme für uns – eben weil sie nicht statisch ist. Dynamische Prozesse dienen dem Erhalt eines Gleichgewichts. Wenn wir es zulassen. Dieses Vertrauen in die Gartenentwicklung ist kein esoterisches Gefasel, sondern biologisches Faktum. Bauen Sie darauf, dass Sie mit dem nötigen Know-how klug und behutsam lenken können, ohne beherrschen zu müssen. Jeder Garten hat das Potenzial, zu einer echten Lebensoase zu werden.

Wer ein Interesse an der Tierwelt im Garten entwickelt und achtsam unterwegs ist, wird nach und nach vor allem eine ganze Reihe von Insekten kennenlernen (Foto: Langhornbiene).

# 7 »Wo es blüht, da tobt das Leben.«

*Viel Blüh und trotzdem tot*

Ein Blütenmeer muss ein Insektenparadies sein, so die gängige Meinung. Doch auch ein blühender Garten kann ein lebensfeindlicher Ort sein. Was für unser Auge bunt, prächtig und lebendig erscheint, dient in Wirklichkeit oft nur unserem menschlichen Ästhetikempfinden. Um möglichst viele Insekten und andere Wildtiere in unseren Garten zu locken, brauchen wir aber heimische Wildpflanzen (→ Kapitel 8).

Ungefüllte Blüten sorgen dafür, dass Insekten Nektar und Pollen vorfinden. Pflanzenvielfalt ist gefragt, damit neben den Generalisten, die auf ein breiteres Pflanzenspektrum zurückgreifen können, auch spezialisierte Arten profitieren. Nicht nur Blühpflanzen, sondern auch heimische Gräser sind für zahlreiche Insekten, darunter etliche Schmetterlingsarten, essenziell. Mit einem möglichst durchgehenden Trachtband blüht vom zeitigen Frühjahr bis in den späten Herbst immer etwas. Standortangepasste Dauerbepflanzung statt saisonaler Wegwerfware ist pflegeextensiv und nachhaltig.

Das klingt recherche- und planungsaufwendig? Mit wenigen Klicks gelangen Sie bei zertifizierten Wildstaudengärtnereien an die entscheidenden Informationen. Und wem das immer noch zu anstrengend ist, der kann sich ganz einfach ein fertig zusammengestelltes Pflanzpaket für den zu begrünenden Standort schicken lassen. Ob für das trockene Schattenbeet oder den vollsonnig gelegenen Balkonkasten: Hier findet man für jede Gegebenheit die passende Bepflanzung. Das Argument, dass Sie qua Wohnort nur im nächstgelegenen Discounter an Grünes kommen, zählt also nicht. Die Gärtnereien versenden die gewünschten Pflanzen direkt nach Hause. Der Mehrpreis im Vergleich zur Discounterware zahlt sich bereits im zweiten Standjahr aus (→ Kapitel 45).

Naturnahe Anpflanzungen folgen dem Grundverständnis, dass Wildtiere auf Wildpflanzen angewiesen sind. Wenn im Garten das Leben toben soll, dann müssen wir dieses Leben auch fördern.

Sowohl die aus Ostasien stammende Forsythie (oben) als auch der Klassiker Geranien (unten) sind trotz üppiger Blüte für Insekten gänzlich wertlos: Sie bieten weder Nektar noch Pollen.

# 8 »Hauptsache, da wächst was!«

*Neu, uralt, alt, gebietseigen?*

Den meisten Menschen ist im Grunde egal, was im Garten wächst – solange es blüht. Wer macht sich schon Gedanken darüber, woher die Pflanzen kommen?

Überall auf der Welt gibt es Wildpflanzen, also ohne Zutun des Menschen frei in der Natur vorkommende, sich verbreitende und erhaltende Arten. In ihren ursprünglichen Verbreitungsgebieten (etwa der Rhododendron im asiatischen Raum) erfüllen sie wichtige ökologische Funktionen, denn Tier- und Pflanzenwelt haben sich in koevolutionären Prozessen aneinander angepasst. Das bedeutet für Gartenbesitzer: Mit der Pflanzung heimischer Arten fördern sie heimische Tiere. Nicht heimische Arten haben deutlich weniger Mehrwert für Wildtiere oder schließen diese völlig aus.

Die Entdeckung Amerikas markiert einen gravierenden Einschnitt, denn ab diesem Zeitpunkt nahm die Verschiffung von Arten über Kontinente hinweg buchstäblich Fahrt auf. Daher gelten auch in der Biologie Arten, die nach 1492 etabliert wurden, als Neobiota, also Neuankömmlinge. Neophyten (Neupflanzen) und Neozoen (Neutiere) wurden gewollt (als Zier- und Nutzpflanzen) oder ungewollt (etwa durch Verschleppung) eingeführt. Von den rund 400 Neupflanzen gelten nur rund 40 als problematisch (invasive Neophyten). Von ihnen sollten Gärtner in jedem Fall die Finger lassen, auch wenn viele in Gartencentern immer noch erhältlich sind.

Bei den heimischen Pflanzenarten unterscheidet man »Uralt-Pflanzen« – etwa 3.000 Arten, die seit Urzeiten, mindestens aber seit der letzten Eiszeit hierzulande wachsen (etwa Gemeine Schafgarbe oder Wiesen-Witwenblume) – und »Alt-Pflanzen« – etwa 250 Arten, die sich bereits zu historischen Zeiten (Jungsteinzeit, Römerzeit) durch Ackerbau und Handel etablierten (etwa Wegwarte oder Nelkenleimkraut). In Deutschland werden heimische Pflanzen nach Regionen weiter in gebietseigene und gebietsfremde Arten unterteilt.

Gärtnernden stehen allein mehrere tausend heimische Arten für die Gestaltung des Gartens zur Verfügung. Als Faustregel gilt: Jede heimische Pflanzenart fördert im Schnitt zehn Wildtierarten (Foto: Wiesen-Witwenblume mit Bläuling).

# 9__»Alles muss bleiben, wie es ist.«

*Vom Scheitern des Bewahrens*

Hand aufs Herz: Gehören Sie zum »Team Kontrolletti«? Sie haben gern die Fäden in der Hand und Angst, dass Ihnen die Regie entgleitet? Während manche Menschen wenig Vorstellung davon haben, wie ihr Garten aussehen könnte, verfolgen andere ein ganz klares Ziel. Sie haben ein Bild vor Augen, und ist dieses erreicht, muss alles so bleiben, wie es ist.

Der Drang, etwas zu erhalten, das wir für schön, stimmig oder gar perfekt ansehen, ist nachvollziehbar. Doch ebenso wenig, wie man das eigene Altern aufhalten kann, lässt sich ein Garten in einem bestimmten Status konservieren. Bäume und Sträucher wachsen. Stauden gedeihen oder gehen ein. Ein- und mehrjährige Pflanzen samen aus und wandern durch den Garten, Moose und Flechten siedeln sich an. Baumsämlinge werden eingetragen und gehen auf. Spätestens jetzt verfallen einige Gartenbesitzer in Aktionismus. Unkraut wird aus den Fugen gekratzt, abgeflämmt oder mit Glyphosat bepinselt. Sträucher werden auf 1,80 Meter eingekürzt. In den Beeten wird gerupft und neu arrangiert, Terrasse und Einfahrt werden gekärchert, was das Gerät hergibt.

Das Wesen von Natur ist Veränderung. Diese lässt sich nicht aufhalten, alles ist beständig im Wandel. Natur muss dynamisch sein, sich Veränderungen anpassen, flexibel auf Umwelteinflüsse reagieren.

Klar ist aber auch: Ohne lenkende Eingriffe funktioniert ein Garten nicht. Wie groß der Drang nach menschlicher »Korrektur« ist, hängt von den Bedürfnissen des Gärtners ab. Wer subtil in kleinem Maßstab zur richtigen Zeit und am richtigen Ort eingreift, kann sich getrost entspannen.

Diese Freiheit und auch die Gelassenheit, dass Dinge sich verändern dürfen, erfordern jedoch etwas Artenkenntnis. Dann können wir auch mit der Dynamik umgehen lernen und genießen, was einen Garten so einzigartig macht: Lebendigkeit.

Ein lebendiger Garten strahlt uns an. Alles, was wir dafür tun müssen, ist, dieses Geschenk achtsam anzunehmen.

# 10 »Nicht ohne meine vier Helferlein!«

*Vorprogrammiertes Massaker*

Zu den für viele unverzichtbaren Klassikern unter den elektrischen Gartenhelfern gehören mit Sicherheit Rasenmäher, Heckenschere, Laubbläser und Freischneider. Doch den Preis für deren Einsatz zahlen alle. Und er ist hoch.

Rasenmäher und Mähroboter tun das, wozu sie gebaut wurden: klein schneiden. Wer den Mäher achtlos durchs Gras und unter die Hecke schiebt, gefährdet nicht nur all die Insekten, die bei jeder Tour geschreddert werden, sondern auch Kleinsäuger (wie den Igel), Lurche und Reptilien. Die Mähroboter mit ihren hochgelobten Sicherheitsstandards erkennen meist nur große Tiere. Igel beispielsweise werden regelmäßig Opfer schlimmster Verstümmelungen, da sie bei Gefahr nicht flüchten. Auch Freischneider beziehungsweise Kantentrimmer verursachen grausame Verletzungen. Wer selbige einsetzt, muss zuvor gewissenhaft sicherstellen, dass er keine Tiere gefährdet. Außerdem sollte man sich immer fragen, ob dieselbe Arbeit nicht auch per Hand und weniger rabiat erledigt werden kann.

Elektrische Heckenscheren sind zweifelsohne praktische Helfer. Wer 30 Meter Thuja stutzen muss, will darauf nicht verzichten. Allerdings ist auch hier Rücksicht geboten. Selbst wenn Formschnitte – anders als Rückschnitte – ganzjährig erlaubt sind: Stellen Sie sich eine brütende Vogelmutter oder panische Jungvögel vor, an denen in 20 Zentimetern Abstand oder weniger ein kreischendes Gerät vorbeiratscht. Wer seine Hecke stutzen will, sollte sie über einen längeren Zeitraum genau beobachten und die Heckenschere nicht ausgerechnet zur Brutzeit im April, Mai und Juni schwingen.

Mit Laubsaugern und -bläsern kaufen wir uns ein ganzes Bündel von Problemen ein. Lärmbelastung, Abgase, Beeinträchtigung der Bodenbiologie und Feinstaubbelastung (→ Kapitel 100) schaden allen Beteiligten. Rechen oder Harke und (auf befestigtem Boden) Besen leisten deutlich umwelt- und gesundheitsverträglichere Dienste.

Viele Gartenhelfer (oben: Mähroboter, unten Freischneider) machen Wildtieren das Leben schwer bis unmöglich.

# 11 »Es lebe der Baumarkt!«

*Warum groß nicht vielfältig ist*

Gartencenter und Baumärkte üben auf uns eine unvorstellbare Anziehungskraft aus. Schon im Eingangsbereich erwartet den Kunden spätestens ab April die bunte Pracht in Einzeltöpfen und Sechser-Trays. Mit einem Handgriff wandern Zier- und Nutzpflanzen in den Wagen. Das Farbspektakel erscheint uns unwiderstehlich. Eigentlich brauchte man nur ein kleines Säcklein Anzuchterde, aber bei der Gelegenheit …

Bei all der optischen Verführung ignorieren wir gleich mehrere Tatsachen: Die präsentierten Pflanzen wurden unter perfekten Bedingungen und mit viel Einsatz an Energie, Pestiziden, Wasser und Düngemitteln im Gewächshaus gezogen. Wir holen uns Pflanzen in unseren Garten, die sich nach all diesen Zusatzmittelchen an das raue Leben im Freiland gewöhnen müssen. Mit mehr oder weniger großem Erfolg, dafür einer Extraportion Chemie im Gepäck – für uns und unsere Mitwelt. Nicht selten erhalten sie bei uns dann noch den falschen Standort, weil wir für den Rhododendron vielleicht gar kein schattiges Plätzchen mit saurem Boden im Angebot haben und für den Olivenbaum nun einmal nicht das passende Klima herbeizaubern können.

Baumärkte sind groß. Ihr Angebot ist riesig. Von der Wandfarbe bis zum Fußabstreifer, vom Plüschpony bis zur Motorsense. Riesige Läden suggerieren uns Vielfalt, auch in puncto Pflanzenauswahl. Ein genauerer Blick zeigt: Wir erhalten hier die immer gleichen Kandidaten, von deren Herkunft und Ansprüchen wir wenig bis überhaupt keine Ahnung haben. »Schön« reicht uns als Kaufkriterium völlig aus.

Wer einmal die Auswahl an Wildpflanzen in einer Wildstaudengärtnerei in Augenschein genommen hat, stellt hingegen fest: Das Angebot im Baumarkt oder Gartencenter ist lächerlich gering und einseitig. Der Bildatlas der Farn- und Blütenpflanzen Deutschlands gibt rund 4.200 Wildpflanzenarten an. Die Zahl lässt uns erahnen: Ein Gartencenter mag groß sein. Vielfalt existiert dort nicht.

Buntes schön arrangiert und zum attraktiven Preis – sofort steigt die Kauflaune. Über den ökologischen Wert, die Produktionsweise und deren Folgen macht sich zu diesem Zeitpunkt kaum jemand Gedanken.

# 12 »Ein Garten macht nur Arbeit.«

*Das Märchen von der »never-ending story«*

»Mit einem Garten kannst du Urlaub vergessen!« – »Wann willst du dich denn auch noch um einen Garten kümmern?« – »Du wirst auch nicht jünger …«

Gartenträume werden häufig vom Umfeld in Frage gestellt. Es scheint, als hätte ein Garten bei vielen Menschen das Image des ewigen Klotzes am Bein. Arbeit in der kostbaren Freizeit – auch das noch! Wer vorher schon Zweifel an seinem Vorhaben hegte, ist nun völlig verunsichert: Was, wenn ich mir mit einem Garten wirklich zu viel zumute?

Wind und Wildtiere tragen Strauch- und Baumsamen in unseren Garten ein. Wenn wir sie lassen, wachsen sie. So funktioniert Natur. Gärten von leer stehenden Häusern zeigen dieses Phänomen der Sukzession eindrucksvoll. Wer sich kein Stück bewegen möchte, dem wird auf Dauer buchstäblich alles über den Kopf wachsen. Allerdings liegt zwischen völliger Verwilderung und wöchentlicher Mährunde ein weites Feld.

Gärtnern bedeutet, Veränderungsprozesse sinnvoll zu lenken und Garten(t)räume mit Bedacht zu gestalten. Es lohnt sich, sich bewusst zu machen, was man selbst als mühevolle Arbeit empfindet und wie man den Garten möglichst pflegearm anlegen kann. Weitreichende Entscheidungen wie die Auswahl von Gehölzen wollen überlegt getroffen werden. In einen Handtuchgarten eine Sommerlinde zu pflanzen, um sie dann jährlich unfachmännisch zu verkrüppeln, damit sie klein bleibt, ist wenig zielführend. Wer bei jedem Grün, das aus einer Fuge sprießt, Schweißausbrüche bekommt, wird es gleichfalls schwer haben. Ob der Garten uns also Arbeit diktiert, liegt zum Großteil an unseren Entscheidungen und Erwartungen. Gärtnern ist kein Ringkampf gegen die Natur. Wer sich nicht als Kontrolleur, sondern als Gestalter sehen kann, wer sich an Veränderungen erfreuen kann, anstatt sie als Bedrohung zu betrachten, hat unheimlich viel Freiheit gewonnen.

Ein Wahres hat die »never-ending story«: Ein Garten ist der Inbegriff beständigen Wandels. Und genau darin liegt einer der besonderen Reize dieses Kraftortes.

# 13 »Der Garten muss den Nachbarn gefallen.«

*Über kollektiven Geschmack*

Fragen Sie Ihre Nachbarn, welche Gartenmöbel Sie kaufen sollen? Oder welche Kleidung Sie tragen? Wen Sie zu sich einladen? Allein der Gedanke daran, sich hier zu vergewissern, scheint uns reichlich absurd. Wie die Nachbarn unseren Garten finden, ist vielen von uns hingegen immens wichtig. Warum eigentlich?

Wir bestehen auf unserer Individualität und Entscheidungsfreiheit. Niemand soll uns reinreden, wir sind schließlich autonom, haben unseren eigenen Stil. Sobald es um die Gartengestaltung geht, äußern Menschen jedoch beständig die Sorge: »Das darf auf keinen Fall unordentlich aussehen.« Unser Garten ist schließlich ein Wohnraum, der sichtbar im Außen liegt. Und er ist ein Statement. Daher treibt uns der Gedanke um, was die Nachbarn wohl denken.

Ja, was denken sie? Erstaunlich, dass uns das derart beschäftigt, dass wir unser »grünes Wohnzimmer« den Vorlieben anderer Menschen unterwerfen, nur um als Sauberfrau oder Saubermann dazustehen. Geht es nicht vielmehr darum, was wir von uns selbst denken?

Natürlich gibt es sie, die pedantischen Grantler, die wütend am Gartenzaun stehen und sich über anfliegende Samen aufregen und die eigene Bepflanzung mit dem Lineal ausmessen. Aber: Wohnen die wirklich neben uns? Und dürfen sie ein Grund sein, auf einen artenreichen und lebendigen Garten zu verzichten? Bei manchen Menschen ist argumentativ buchstäblich kein Land zu gewinnen. Wer jedoch in solcher Nachbarschaft lebt, wird auch mit allen anderen Entscheidungen Konflikte hervorrufen. Die Mehrheit von uns kann davon ausgehen, dass Nachbarn unterschiedlich aufgeschlossen auf eine naturnahe Veränderung reagieren. Sie werden nicht zwangsläufig Ihrem Beispiel folgen, aber immer mal wieder neugierig in Ihren Garten spechten und genauso staunen wie Sie, wenn bei Ihnen plötzlich der Bär – beziehungsweise der Igel – steppt, während nebenan Trostlosigkeit regiert.

Insekten und andere Wildtiere profitieren davon, wenn uns ökologische Vielfalt wichtiger ist als das Label »ordentlichster Gärtner der Nachbarschaft«.

# 14 »Dein Garten wird die Welt nicht retten.«

*Über einen Widerspruch, der eigentlich keiner ist*

»Ihr Gartenfuzzis lügt euch doch in eure Heile-Welt-Tasche.« Immer wieder wird Gärtnernden vorgeworfen, dass sie sich mit »grünem Gewissen« in eine Parallelwelt stehlen und dabei die globalen Probleme samt wirkungsvoller Stellschrauben ignorieren. Woher kommt diese Kritik, und wie können Sie ihr begegnen?

Klar ist: Ein einzelner Garten ist global gesehen so wichtig wie ein Sandkorn. Er setzt wissenschaftlich gesehen weder der Biodiversitäts- noch der Klimakrise etwas entgegen. Wie sollte er? Beiden Themen muss durch konzertierte Bemühungen der Staaten, verbindliche Handlungsverpflichtungen und Gesetzgebung begegnet werden. Einfluss nehmen wir auf umweltpolitische Fragen durch unser Wahlverhalten und eigenes (gesellschafts-)politisches Engagement.

Leider auch wahr: Die oft sehr vereinfachte mediale Berichterstattung suggeriert, man könne die hohe Komplexität der Prozesse ganz simpel auf das Individuum abwälzen. Überspitzt formuliert: Wer ein paar wildbienenfreundliche Blümchen auf den Balkon packt, tut etwas gegen die Biodiversitätskrise. Der unwiederbringliche Verlust von Artenvielfalt findet aber in großem Maßstab anderswo statt. Forschende versuchen händeringend, auf Untersuchungsergebnisse und erforderliche Konsequenzen aufmerksam zu machen. Medial und politisch stoßen diese Resultate kaum auf Interesse.

Wer daraus folgert, dass ein lebensfreundlicher Garten überflüssig ist, ignoriert aber Entscheidendes: Jeder Garten kann Lebensraum sein und vor Ort wichtige mikroklimatische Veränderungen bedeuten. Dort, wo unser Lebensmittelpunkt ist. Wo andere Menschen und Wildtiere in unserer Nachbarschaft leben. Und das hat nichts mit Naivität zu tun, sondern mit Lebensqualität, Verantwortungsbewusstsein und Selbstwirksamkeit. Wer eine Ahnung dessen hat, was wir gerade im Begriff sind zu verlieren, wird außerdem auch in größeren Maßstäben denken und entsprechend handeln.

Einzelne Gärten erhalten keine Arten, können aber Archen für Individuen sein. Wer sich mit Lebendigem umgibt, schöpft zudem Kraft für die unzähligen Herausforderungen, die überall auf uns warten (Foto: Ampfer-Grünwidderchen).

# 15 »Mein Garten macht den Kohl nicht fett.« – Teil 1

*Von Trittsteinen und Korridoren*

Fragen Sie sich angesichts der globalen Probleme auch manchmal, warum gerade Ihr kleiner Garten einen Unterschied machen sollte? Natürlich werden Sie keine Art vor dem Aussterben bewahren. Und trotzdem machen Ihre paar Quadratmeter einen Unterschied. Für Sie, für Ihr Umfeld. Für das Eichhörnchen, das sich über frisches Wasser freut, den Igel, der auf Nahrungssuche hungrig durch die Gärten streift. Ihr Grün kann Wildtieren in Ihrer Umgebung ein Trittsteinbiotop in Form von Brutstätte, Futter- oder Rastplatz sein, welches hilft, die Entfernung zwischen ihren Kernlebensräumen zu überbrücken. Optimalerweise verschmelzen solche Grünflächen zu einem Korridor.

In ausgeräumten Landschaften und zersiedelten Gebieten bleiben auch für vermeintlich häufige Arten nur kleine, räumlich getrennte Restlebensräume. Stellen Sie sich also vor, Sie müssten vom Bett zum Kühlschrank gelangen und könnten dabei nur dazwischen befindliche Teppichinseln als Trittsteine benutzen. Je mehr Teppichinseln Sie finden, desto einfacher werden Sie Ihr Ziel erreichen. Es ist also bei gleicher Distanz eine Frage der Inselanzahl, ob Sie überhaupt eine Chance auf Erfolg haben. Ansonsten sitzen Sie fest. Mit Folgeproblemen.

Analog verhält es sich draußen. Vögel können eine räumliche Distanz zwischen Biotopen einfacher überwinden als eine Eidechse oder ein flugunfähiger Käfer. Straßen und andere versiegelte Flächen sind nur ein Beispiel für gefährliche oder unüberwindbare Barrieren. Sie werden jährlich Millionen Wildtieren zum Verhängnis. Grüne Korridore – ob in der Stadt oder in der freien Landschaft – sind wichtige Lebensadern für Wildtiere, die die Besiedlung von Lebensräumen ermöglichen und der genetischen Verarmung der Arten entgegenwirken.

Sie beschenken sich mit einem strukturreichen Garten auch selbst. Denn die Naturerlebnisse, die viele an Wochenenden in der Ferne suchen, haben Sie rund um die Uhr direkt vor der Nase.

Zerschnittene Landschaften erschweren die Besiedelung von Lebensräumen und den Austausch von Teilpopulationen (oben: Nashornkäfer, unten: Blindschleiche).

# 16 »Mein Garten macht den Kohl nicht fett.« – Teil 2

*Warum auch das Mikroklima zählt*

Enge Bebauung, großflächige Versiegelung – im Sommer heizt sich die Umgebung im Siedlungsraum oft unerträglich auf. Und nicht nur tagsüber, sondern auch nachts belastet dies unsere Gesundheit. Auch wenn sich der globalen Klimakrise als Privatperson nichts entgegensetzen lässt: Auf unser lokales Mikroklima und damit unsere Lebensqualität können (und sollten!) wir Einfluss nehmen. Eine vielfältige Gartengestaltung macht im eigenen Umfeld einen Unterschied.

Der unschätzbare Wert von Grünflächen liegt darin, dass sie die Temperatur senken, Treibhausgase aufnehmen und die Luftqualität verbessern. Kohlenstoff wird gespeichert, Stickoxide werden gefiltert. Jeder Quadratmeter unversiegelter Boden hilft zudem dabei, Extremwetterereignisse abzufedern. Bei Starkregen kann das Wasser im Boden versickern und sich neues Grundwasser bilden. Die Gefahr von Hochwasser wird dadurch verringert.

Wege lassen sich dabei auf verschiedene Weise gestalten (→ Kapitel 36). Für Einfahrten sind Rasengittersteine oder Blumenschotterrasen eine Alternative zum Pflaster.

Statt sich aufheizende Stein- und Betonflächen zu schaffen, sollten wir versickerungsoffene Areale favorisieren und Pflanzen in unseren Gärten in den Fokus stellen. Jeder Baum spendet Schatten und kühlt die Umgebung, indem er Wasser verdunstet. Bei seiner Auswahl ist auf die passende Endgröße, ausreichend Abstände sowie die Qualität des Gehölzes zu achten.

Hecken und Sträucher halten Wind ab und filtern Staub und Schadstoffe. Auch sie spenden Schatten und speichern Feuchtigkeit im Boden. Eine vielfältige, standortgerechte Staudenbepflanzung trägt ebenfalls zur Verbesserung des Mikroklimas bei. Heimische Wildstauden und -sträucher bieten obendrein Mehrwert für Insekten, Vögel und andere Wildtiere.

Das Mikroklima lässt sich durch die Gestaltung von Gärten beeinflussen. Der Effekt solcher Maßnahmen wirkt sich unmittelbar auf unser Wohlbefinden aus.

# 17 »Die müssen wir bekämpfen!«

*Gedanken über den Frieden*

»Die 10 besten Unkrautvernichter«, »Blattläuse erfolgreich bekämpfen«, »Wühlmaus-Killer«. Oft scheint der Garten schon rein verbal eher Kriegs- als Erholungsgebiet. Die Medien tragen reichlich zu dieser Art von Sprache bei, wenn sie schlagzeilenträchtig von einer »Invasion der Schnecken« berichten oder vor dem »tödlichsten Käfer Deutschlands« warnen. Was dabei leicht vergessen wird: Sprache ist wirkmächtig, denn sie beeinflusst unser Denken, Handeln und Miteinander. Martialisches Vokabular kreiert Feindbilder. Und wer in Tieren und Pflanzen Feinde sieht, die es zu kontrollieren, einzudämmen und zu vernichten gilt, vergisst im Strudel der Emotionen, worauf es tatsächlich ankommt.

Auch ein Garten ist ein dynamisches und hochkomplexes System, in welchem jeder Organismus seinen eigenen Platz hat. Gut und Böse sind rein menschliche Kategorien. Durch geteilten Lebensraum geraten wir in Konflikte, die jedoch mit Freund-Feind-Schemata nicht angemessen zu lösen sind. Der Mensch ist zudem selbst Teil des Systems. Und sosehr wir uns auch nach einfachen Wahrheiten sehnen: Die Natur funktioniert nicht in simplen Kausalketten. Bereits kleine Eingriffe können weitreichende, unabsehbare Negativfolgen haben – am Ende immer für uns selbst.

Leben ist wertvoll. Das entspricht unserem Wertekonsens. Jedes Lebewesen hat seine Daseinsberechtigung, unabhängig von persönlichen Sympathien. Als vernunftbegabte Wesen haben wir die Pflicht, verantwortungsbewusst zum Wohl aller zu handeln.

So weit, so gut. Und dann steht man vor dem kahl gefressenen Kohlrabi-Beet, denkt an die investierte Zeit, an das Geld und möchte – schnapp – die »fiesen Viecher«, die dafür verantwortlich sind, zur Rechenschaft ziehen.

Nun heißt es: durchatmen und sich auf verträgliche Lösungswege besinnen. Friedliches Miteinander beginnt im Kleinen. Auch im Garten.

Die Einteilung belebter Natur in Nützlinge (Foto: Marienkäfer) und Schädlinge spiegelt eine einseitige Betrachtungsweise und ist aus ökologischer Sicht generell problematisch. Meist verursacht der Mensch selbst die Störung der Systeme.

# 18 »Das gehört nicht hierher!«

*Über Zuwanderung und schwierige Diskussionen*

Es ist seit Jahren ein heiß diskutiertes Thema: Neobiota, also eingeschleppte oder eingewanderte Tierarten (Neozoen), Pflanzenarten (Neophyten) sowie Pilze und Mikroorganismen (Neomyceten), und wie wir ihnen begegnen sollten. Hier prallen in der Diskussion teilweise harte Fronten aufeinander. Während die einen sich für radikale Bekämpfung aussprechen, betrachten andere die Sache differenzierter.

Wissenschaft, Politik, Naturschutzverbände, Wirtschaft und andere Interessengruppen – das Thema beschäftigt die unterschiedlichsten Akteure, und eine einfache Lösung kann es schon aus diesem Grund kaum geben. Oftmals vergeht eine lange Latenzzeit, bis Einflüsse ans Tageslicht treten und näherungsweise beurteilt werden können. Was der Diskussion in keinem Fall dient, ist die Tatsache, dass nationalistische Kräfte diese Thematik mit ihrer menschenfeindlichen Ideologie verquicken. Damit nimmt jeder Diskurs eine sach-, fach- und wissenschaftsferne Wendung, die sowohl die Bedürfnisse der Natur als auch die des Menschen (als Teil der Natur) missachtet.

Es bleibt festzuhalten, dass von einem Großteil der genannten Arten keine Gefahr ausgeht. Ein kleiner Teil dieser Pflanzen und Tiere breitet sich allerdings stark aus (invasive Arten), weil natürliche Gegenspieler – Krankheiten, Feinde oder Konkurrenten – fehlen. In ohnehin durch menschliche Einflüsse destabilisierten Ökosystemen richten sie mehr oder weniger große ökologische Schäden an. Auch der ökonomische Aspekt dieser Entwicklungen und die mögliche Übertragung von Krankheiten dürfen nicht vergessen werden. Die Europäische Union setzt daher auf einen umfangreichen Vorschriften- und Verbotskatalog bezüglich invasiver Arten. Allein die wirtschaftlichen Folgeschäden werden auf rund zwölf Milliarden Euro pro Jahr geschätzt.

Im Garten sollte auf die Anpflanzung und Kultivierung invasiver Arten verzichtet werden. Es sind ausreichend Alternativen vorhanden.

Neophyten wie das Drüsige Springkraut sorgen für reichlich Diskussionen zwischen Naturwissenschaftlern, Politikern, Tier- und Naturschützern. Im Garten sollten sie nicht kultiviert werden.

# 19 »Schotter spart Arbeit.«

*Von falschen Erwartungen*

Optisch eintönige Fläche oder ein gestalterisches Element mit minimalem Pflegeaufwand? Der Trend hin zum Schottergarten erhitzt die Gemüter. Doch warum?

Schottergärten bringen ein ganzes Bündel negativer Effekte mit sich. So sind sie lange nicht so pflegeleicht, kostengünstig oder langlebig, wie die Besitzer sich das erhoffen. Material und Transportkosten summieren sich schon bei kleiner Fläche. Nach einiger Zeit setzen die Steine Moos oder Algen an. Blätter und Samen stören den gepflegten Eindruck. Nun kommen Laubbläser und Hochdruckreiniger zum Einsatz, die Energie verbrauchen, Lärm produzieren und Kleinstlebewesen schaden. Wenige Jahre später muss dann die komplette Fläche abgetragen, der Kies gewaschen und das darunterliegende Vlies erneuert werden. Von Kosten-, Arbeits- und Energieersparnis keine Spur.

Ein einsames Formgehölz in dieser Tristesse bietet Insekten, Vögeln und Kleinsäugern weder Nahrung noch Unterschlupf. Werden dann noch Pestizide zur Bekämpfung unerwünschter Pflanzen eingesetzt, ist die Fläche gänzlich tot. Ohne nennenswerten Bewuchs fehlen Kühleffekte durch Beschattung und Verdunstung. Die Schotterflächen heizen sich im Sommer zusätzlich stark auf (inklusive nächtlicher Wärmeabstrahlung) und brutzeln die Umgebung, vor allem die Bepflanzung. Ersatz muss also auch hier her, ganz gleich, wie fleißig gegossen wurde. Filterung von Staub und auch Lärm durch Pflanzen? Fehlanzeige.

Häufig verwendetes Vlies oder Folie verhindern nicht nur die Versickerung von Wasser, was bei zunehmendem Starkregen die Kanalisation überfordern kann. Am Ende landet das dreckige Wasser in Bächen und Flüssen statt gefiltert im Grundwasser. Unter der Folie stirbt das Bodenleben und mit ihm eine wertvolle Ressource: fruchtbare Böden. Teure und aufwendige Renaturierung wäre vonnöten. Nicht nur aus ökologischer Sicht sind Schottergärten also wertlos.

Während Schottergärten kaum bis gar nicht bepflanzt sind und aufwendig gepflegt werden müssen, ist ein fachgerecht angelegter Steingarten (Foto: wenige Monate alte Anlage mit Upcycling-Elementen) nach alpinem Vorbild anspruchslos. Seine Attraktivität steigt mit dem Alter.

# 20 »Alle Steine müssen weg!«

*Wie Schottergartenrückbau gelingt*

Die Landesbauordnungen geben vor, dass unbebaute Flächen zu begrünen und versickerungsfreundlich zu gestalten sind. Was tun, wenn man einen Schottergarten vor der Tür hat? Alle Steine entsorgen?

Es gibt die Möglichkeit, den Schotter weiter zu nutzen und ihn mit Pflanzen und Tieren zu besiedeln. Allerdings erfordert dies eine Ergänzung um einen Feinkornanteil und die Zugabe von Kompost. So lässt sich ein lebensfeindliches Schotterbeet in einen pflegearmen und ökologisch wertvollen Trockenstandort umwandeln. Optimalerweise wurden weder Vlies noch Kunststofffolie verbaut. Ist dies doch der Fall, muss die Trennschicht entfernt werden, damit wieder Wasser versickern kann und Bodenorganismen (sofern noch vorhanden) organisches Material zersetzen und Humus aufbauen. Auch die Entstehung von Mikroplastik wird so verhindert.

Nun wird der Schotter mit einer rund fünf Zentimeter dicken Schicht aus Gruben- beziehungsweise Kiessand oder Mineralbeton bedeckt. Darauf werden etwa zwei Zentimeter Grünschnittkompost aufgetragen. Dieser sollte unbedingt aus einer zertifizierten Kompostieranlage stammen, damit er auch frei von Beikräutern ist. Anschließend werden die drei Schichten mit Rechen und Grabgabel bis in eine Tiefe von etwa zehn Zentimetern gut durchmischt und feinkrümelig geharkt.

Wer eine magere Wildblumenwiese anlegen möchte, sollte unbedingt auf die Qualität und Herkunft des Saatguts achten (→ Kapitel 48). Die Ansaat wird durch eine Anpflanzung mit standortangepassten Wildstauden (etwa fünf bis sechs je Quadratmeter) ergänzt. Eine Handvoll Humus im Pflanzloch unter den Wurzelballen erleichtert das Anwachsen. Totholzelemente oder andere Naturmodule können das Arrangement optisch aufwerten. Die kommenden drei Monate sollte die Fläche zweimal wöchentlich am Morgen gegossen werden, um das Anwachsen zu erleichtern. Danach benötigen die Pflanzen nur noch bei besonderer Dürre zusätzliche Wassergaben.

Ein ökologisch wertvoller Trockenstandort (oben im ersten Jahr, unten im vierten Jahr nach Anpflanzung) lässt sich vielfältig gestalten. Er darf und soll sich entwickeln.

# 21 »Landgarten schlägt Stadtgarten.«

*Warum auf dem Land nicht unbedingt mehr Natur ist*

Auf dem Land gibt es mehr »Natur«. Davon gehen wohl die meisten Menschen aus. Bei genauerer Betrachtung stellt man fest: Es leben erstaunlich viele Wildtiere und -pflanzen im urbanen Raum. Hier zeigt sich eine paradoxe Entwicklung: Einerseits bedroht die zunehmende Verstädterung weltweit ökologische Vielfalt. Andererseits dienen Parks, Friedhöfe und andere strukturreiche Grünflächen als (Ersatz-)Lebensraum für jene Biotope, die vor allem durch intensive Landwirtschaft im Schwinden begriffen sind. So können Tiere, die an Gebäuden leben, wie etwa Hausrotschwanz, Haussperling oder Zwergfledermaus, vom städtischen Umfeld profitieren – sofern sie genügend Ritzen und Nischen vorfinden. Wertvolles Totholz gibt es in einem Stadtwald unter Umständen mehr als in einem intensiv genutzten Wirtschaftswald. Greifvögel wiederum profitieren von hohen Gebäuden und der Vielzahl der Stadttauben.

Wildtiere besiedeln nicht nur Gärten, Parks und (sinnvoll angelegte) Verkehrsinseln, sondern auch Straßen- und Wegränder, Mauernischen, Industriebrachen, Baustellen und Gleisanlagen.

Ein Stadtgarten kann bei entsprechender Gestaltung ein belebtes Refugium für Wildtiere sein. Natürlich beeinflusst die Umgebung das Leben in unserem Garten. Grenzt dieser an eine gewässerreiche Landschaft, ist die Wahrscheinlichkeit, dass ein Bergmolch darin auftaucht, deutlich größer als auf einem Dachgarten in der Frankfurter Innenstadt.

Dennoch steht fest, dass ein naturnah gestalteter Doppelhausgarten in urbaner Umgebung mehr Arten beherbergen kann als ein Rollrasengrundstück vielfacher Größe in ländlichem Umfeld. Ohne Sträucher und Wildgehölze gibt es keine Vögel, ohne Wildstauden keine Insekten, ohne Wasser keine Molche, ohne Baumbestand keine Eichhörnchen. Am Ende kommt es auf Strukturen an, die Wildtiere nicht nur nahrungs- und wohnungslos durchreisen lassen.

Wenn die Umgebung stimmt, wandern auch im städtischen Umfeld Tiere zu. Der Schutz ursprünglicher Lebensräume muss jedoch generell politisch stärker priorisiert werden als bisher.

# 22 »Im kleinen Garten geht nicht viel.«

*Wenig Platz mit viel Potenzial*

Ein Handtuchgarten – was soll da schon reinpassen? Kleinen Gärten gesteht man kaum Optionen für eine interessante Gestaltung zu. Allerdings entpuppt sich so manches Doppelhausgärtchen als wahres Raumwunder, wenn man das Potenzial aller Außenbereiche auslotet und im wahrsten Sinne des Wortes ein wenig um die Ecke denkt.

Viele Menschen kultivieren selbst bei Platzmangel eine oft verwaiste Rasenfläche. Sie macht (Mäh-)Arbeit und besitzt weder ökologischen noch ästhetischen Mehrwert. Wer diesen Bereich etwa für Binnenbeete mit Stauden oder Hochbeete für Gemüse verwendet, erzielt eine erste schnelle Veränderung. Wer etwas mutiger ist und auch mehr Zeit und Muskelkraft investiert, wagt sich vielleicht an eine modellierte Gartenfläche (→ Kapitel 23) und innovative Beetformen (→ Kapitel 110).

Terrasse und Balkon bieten meist mehr Begrünungspotenzial als gedacht. Neben herkömmlichen Pflanzgefäßen (→ Kapitel 26) können hier vertikale Beete (→ Kapitel 111) genutzt werden. Aber auch Sickerstreifen lassen sich begrünen. Ob Bodendecker, Gräser oder Kletterpflanze – je nach Standort finden sich passende Kandidaten. Die Steine können als Spritzschutz am Ende wieder obendrauf drapiert werden.

Garagendächer werden häufig außen vor gelassen. Je nach statischer Auslegung kommen verschiedene (meist extensive) Möglichkeiten der Dachbegrünung in Frage. (Kletter-)Pflanzen an Garagen- und Hauswänden können temperaturregulierend wirken, denn die Verdunstung der Pflanzen senkt die lokale Temperatur, Verschattung verhindert die Fassadenerhitzung. Außerdem schlucken sie Schall, binden Schadstoffe – und schaffen einen Lebensraum für Wildtiere wie Insekten und Vögel. Vorsicht ist bei selbst klimmenden Pflanzen wie (nicht adultem) Efeu oder Wildem Wein geboten: Sie hinterlassen Pflanzenreste auf der Fassade (anders als mit Rankhilfen geleitete Pflanzen) und wachsen einem buchstäblich schnell über den Kopf.

Wer die Begrünung mit einer Naschmöglichkeit verbinden möchte, kann beispielsweise Minikiwis pflanzen.

# 23__»Ein Garten muss eben sein.«

*Gärten weiter denken*

Befinden sie sich nicht in Hanglage, sind Gärten meist platt wie eine Flunder. Beete, Rasen- und Wiesenflächen, Wege – alles liegt auf dem gleichen Niveau. Unnötigerweise. Strukturierende Elemente können die Gestaltung von vormals ebenem Terrain optisch aufwerten. Wer sein Gelände modelliert, schafft außerdem unterschiedliche Gartenräume für Mensch und Tier und beeinflusst auch das Mikroklima. Feuchtigkeits- und Windverhältnisse sowie Temperaturbedingungen lassen sich so verändern und steuern.

Durch die Dreidimensionalität gewinnt ein Garten obendrein an Fläche. Ein Beet, das aus der Erde oder in sie hineinragt, bietet auf gleicher Grundfläche automatisch mehr Platz als ein ebenes Beet. Ferner ergeben sich allein durch Geländemodellierung unterschiedliche Bereiche. Durch der Sonne ab- und zugewandte Seiten beziehungsweise windexponierte und windgeschützte Bereiche und unterschiedliche Substrate (nährstoffarm oder nährstoffreich) entstehen auf kleinstem Raum verschiedene Standorte für Stauden und Nutzpflanzen. Beispiele für solch vielfältig einsetzbare Superbeete finden Sie im Kapitel 110.

Bei modellierenden Maßnahmen (etwa beim Anlegen eines Teiches) fällt immer auch Aushub an. Dieses Material wird nicht entsorgt, sondern an anderer Stelle (oft direkt daneben) aufgeschüttet und zur weiteren Gestaltung des Geländes verwendet. Abgefangen wird die Aufschüttung zum Beispiel durch eine kleine Natursteinmauer, die sich wiederum bepflanzen lässt.

Ziel ist es, möglichst geschlossene Kreisläufe zu etablieren, also nichts mehr zuzukaufen oder wegzuschaffen. Anfangs braucht man natürlich Natursteine oder Totholz als Beetbegrenzungen. Vielleicht lässt sich aber auch hier auf Materialien zurückgreifen, die anderswo entsorgt würden. Eine Upcycling-Mauer aus Platten, Ziegeln, Dachschindeln und Co. oder ein kleiner Flechtzaun aus Astschnitt sehen sehr attraktiv aus.

Flächenmodellierung kann ganz unterschiedlich daherkommen. Ob Trockenmauer, Kraterbeet oder Steinpyramide (Foto): Funktion und Ästhetik gehen hier Hand in Hand.

# 24 »Naturgarten? Planloses Gewucher!«

*Von Artenkenntnis, Verzicht und Gewinn*

Das Bild vom Naturgarten als ungezähmtem, zufälligem Wildwuchs ist weit verbreitet. Dabei ist das Gegenteil der Fall: Naturgärten sind gezielt und bewusst gestaltete Lebensräume für Menschen, wild lebende Tiere und Pflanzen. Um einen hohen Arten- und Strukturreichtum zu erzielen, werden möglichst alle verfügbaren Areale wie etwa Wege, Pflasterfugen, Parkflächen und Dächer, Kiesstreifen, Zäune und Mauern einbezogen. Vorbild sind immer natürliche Lebensgemeinschaften, die der Naturgärtner durch seine Gartenanlage begünstigen möchte.

Die Bepflanzung erfolgt standortgerecht, denn der Naturgärtner setzt sich mit den Ansprüchen der Pflanzen auseinander. Dadurch spart er sich im Nachgang Arbeit, etwa fürs Gießen und Düngen, sowie den Neukauf von Pflanzen. Regulierende Eingriffe werden so minimiert. Bei der Pflanzenauswahl setzt er überwiegend auf heimische Wildpflanzen, weil sie den größten ökologischen Mehrwert für die heimische Tierwelt bieten.

Im Naturgarten wird kein geplanter Optimalzustand konserviert. Entwicklung, Veränderung und auch Vergänglichkeit sind völlig natürliche Prozesse. Der Fokus liegt auf einem gesunden Bodenleben, das durch eigenen Kompost, Ent- statt Versiegelung und schonende Pflege begünstigt wird. Die Regionalität der Materialien – favorisiert werden möglichst natürliche Baustoffe – hilft dabei, kostbare Energie zu sparen. Ein kluges Wassermanagement nutzt Regenwasser und verzichtet auf überflüssige Trinkwassergaben.

Wer auf Torf, Pestizide, Kunstdünger verzichtet und Gartenmitbewohner fördert, gewinnt den Freiraum, seinen Garten zu genießen und sich mit ihm persönlich zu entwickeln. Naturnahes Gärtnern ist kein Trend, sondern eigentlich eine Selbstverständlichkeit. Es fußt auf der Überzeugung, dass Leben wertvoll ist und es Aufgabe des Gärtners ist, lebensfreundliche Bedingungen zu schaffen.

Naturnahe Gärten sind zeitlos, weil sie keiner Gartenmode folgen, sondern dem Vorbild der Natur. In ihnen lassen sich zarte Schönheiten voller Widerstandskraft entdecken.

# 25 »Ein Teich bringt nur Mücken!«

*Die Sache mit den Gegenspielern*

Stechmücken rangieren auf unserer Beliebtheitsskala allenfalls noch vor den Zecken. Während sie beziehungsweise ihre Larven eine bedeutende Nahrungsgrundlage für andere Wildtiere darstellen, halten die meisten Menschen sie für völlig verzichtbar. Ein Teich ist als stehendes Brutgewässer für viele der Inbegriff einer vorhersagbaren Mückeninvasion im Garten. Das Aus für einen Gartenteich?

Die zuckenden dunklen Larven der Stechmücken entwickeln sich in kleinen Wasserbehältern, der nicht abgedeckten Regentonne oder in nicht geleerten Untersetzern zahlreich und schnell. Ein Teich ist ein ebenso idealer Tummelplatz für Stechmückenlarven. Allerdings nur, bis – auch dank der passenden Bepflanzung – die ersten Libellen und gegebenenfalls Frösche oder Molche eintrudeln. Sie beziehungsweise ihr Nachwuchs ernähren sich von Mücken und deren Larven. Auf die oftmals empfohlenen Fische hingegen sollte verzichtet werden, denn sie stören das ökologische Gleichgewicht eines Miniteichs.

Selbst wenn Ihr Garten keinen Platz für einen größeren Teich mit mehr als drei Quadratmetern Wasserfläche oder ein ökologisch stabiles Biotop mit über 20 Quadratmetern bietet: Ein Miniteich findet selbst auf kleiner Fläche Platz. Auch er dient Wildtieren als Tränke und Lebensraum. Kleine Teiche liegen vorzugsweise im Halbschatten, um Überhitzung und übermäßigen Algenwuchs zu verhindern. Eine Mindesttiefe von 50 Zentimetern ist empfehlenswert. Zur natürlichen Abdichtung eignen sich Lehm oder Ton. Einfacher ist die Handhabung fertiger Teichwannen oder die Nutzung von EPDM-Folie. Damit beispielsweise Igel nicht im Teich ertrinken, ist auf eine Ausstiegsmöglichkeit und eine flach auslaufende Uferzone zu achten. Laub, abgestorbene Pflanzenreste und Algen sollten regelmäßig aus dem Wasser entfernt werden. Achtung: Setzen Sie mitgekescherte Kleinlebewesen wieder in den Teich zurück. Je kleiner das Gewässer, desto häufiger muss es im Sommer mit Regenwasser aufgefüllt werden.

Selbst ein Miniteich ist ein wertvolles Biotop. Bis Libellen(-larven) oder Molche einziehen, lässt sich das Mückenproblem (gerade wegen der kleinen Fläche) durch achtsames Keschern gut in den Griff bekommen.

# 26__»In Töpfen wird das doch nichts!«

*Basics des Topfgärtnerns*

Vertrocknete (oder verschimmelte) Pflanzen, vom Frost gesprengte Pflanzgefäße, nervige Überwinterungsaktionen: Schnell wird Topfgärtnern zur frustrierenden Angelegenheit. Terrassen- und Balkonbegrünung ja, aber bitte pflegeleicht! Wer hat schon Zeit und Lust, täglich zu gießen? Oder auch noch für passende Winterquartiere zu sorgen?

Wer einige grundlegende Regeln beachtet, stellt fest, dass Topfgärtnern recht unkompliziert funktionieren kann. Hier spielen uns die Anspruchslosigkeit und die klimatische Anpassung heimischer Wildstauden und Kleingehölze in die Karten. Sie trotzen Sonne, Wind und Kälte und erweisen sich als genügsame, winterharte und dauerhafte Topfflora. Zudem dienen sie jeder Menge Insekten als Futterplatz, Nistgelegenheit und Winterquartier und bilden zuverlässig Samen, die man an anderer Stelle im Garten oder auf Balkonien wieder aussäen kann. Man spart sich also den jährlichen Neukauf von Petunien und Co. samt Eintrag von Spritzmitteln. Nachhaltiger geht es nicht!

Topfanpflanzungen trocknen freilich schneller aus. Den Pflanzen, die in der Natur oft tief wurzeln, steht nur begrenzter Raum zur Verfügung. Topfstandorte sind extremer als jene in der Natur. Und dennoch kommen Wildstauden damit zurecht. Ausreichend große Pflanzgefäße mit Abzugsloch, eine Bodendrainage gegen Staunässe und Eisbildung (zum Beispiel aus Blähton mit trennendem Filtervlies) und ein rollbarer Untersetzer sowie regelmäßige Wassergaben, besonders bei überdachtem Standort, – ein- bis zweimal pro Woche, bei extremer Hitze öfter – erhöhen die Erfolgsaussichten. Wer durchgehende Blüte in seinen Töpfen anstrebt, sollte neben Vor- und Frühblühern, darunter viele Zwiebelpflanzen, auch an spätblühende Vertreter denken. Manche Stauden sind remontierend, blühen also nach einem sommerlichen Blütenrückschnitt erneut. Gedüngt wird höchstens alle zwei Jahre im Frühling mit einer dünnen Schicht reifer Komposterde.

Für jeden Standort (Foto: Südbalkonbepflanzung in großen Kunststofftrögen) gibt es passende Topfpflanzen. Aber Vorsicht: Nicht alle »winterharten« Töpfe sind es auch. Ein hohes Gewicht kann auf Dachterrasse und Balkon zudem problematisch werden.

# 27__»Im Schatten wächst doch gar nichts.«

*Gewusst-wie im Schattenreich*

Der Glaube daran, dass im Schatten ohnehin nichts gedeiht, hält sich hartnäckig. Dabei sind natürliche Schattenstandorte sehr vielfältig: Von trockenen Gehölzrändern bis zu sehr feuchten und vollschattigen Waldbereichen – überall finden sich andere Pflanzen ein. Schatten ist also nicht gleich Schatten.

Lichter Schatten herrscht überall dort, wo durchs Blätterdach mildes Licht dringt. Halbschattige Plätze liegen – entsprechend dem Sonnenstand – im Licht oder im Schatten. Hier gedeihen sehr viele Pflanzen, vor allen Dingen jene, die mit praller Mittagssonne nicht so gut zurechtkommen. An Nordmauern von Gebäuden oder zu Füßen dicht belaubter Bäume gibt es Bereiche, die immer beschattet sind. Aber auch für diese vollschattigen Ecken existieren entsprechend angepasste Pflanzen. Neben den Lichtbedingungen sind vor allem die Bodenverhältnisse zu beachten: lehmig oder sandig, eher sauer oder neutral, mehr oder weniger humos, trocken oder eher feucht. Im lichten Schatten beziehungsweise Halbschatten gedeihen beispielsweise: Große Sterndolde, Breitblättrige Glockenblume, Pfirsichglockenblume, Leberblümchen, Frühlingsplatterbse, Kriechende Gemswurz, Echtes Lungenkraut, Nachtviole und Rittersporn. Wichtig ist auch, Zwiebel- und Knollenblüher nicht zu vergessen: Bärlauch, Buschwindröschen, Blaue Anemone, Elfenkrokus, Hohler Lerchensporn, Frühlingsalpenveilchen, Schneeglöckchen, Winterlinge.

Für Nordlagen und Schattenseiten eignen sich beispielsweise folgende Stauden: Kriechender Günsel, Bergflockenblume, Walderdbeere, Sumpfstorchschnabel, Waldstorchschnabel, Waldhainsimse, Pfennigkraut, Blutweiderich, Rote Lichtnelke. Als Gehölze und Halbgehölze gedeihen in schattigen Bereichen Strauch-Efeu – die nicht mehr kletternde und fruchtende Altersform des Efeus –, Johannisbeeren, Zwergschneeball, Mannsblut und Kleines Immergrün.

Das Leberblümchen erfreut als zarte Schönheit auch in schattigeren Bereichen.

# 28 »Ich hab keinen grünen Daumen.«

*Warum es auch mit normalen Daumen klappt*

»Ich habe eben keinen grünen Daumen.« Glaubenssätze verfolgen uns in allen Lebensbereichen. Oft sind sie inhaltlich substanzlos. Gärtnern ist keine Raketenwissenschaft, und der ominöse grüne Daumen meist eine lausige Ausrede für: »Ich habe mich noch nie näher damit beschäftigt.« Doch wo und wie starten?

Im Herbst ist die Zeit, um Blumenzwiebeln zu stecken – auch ohne Plan. Denken Sie im dreistelligen Bereich, alles andere geht optisch im nächsten Frühjahr unter. Parken Sie gleich noch trockenes Laub in einer wilden Ecke (→ Kapitel 5), anstatt es zu entsorgen. Wenn es Sie im April weiterhin nervt, kann es nach Auszug der Überwinterer immer noch weg.

Der Winter bietet Zeit, um Ideen auszubrüten. Stöbern Sie in Büchern und bei Wildstaudengärtnereien im Netz, die vielfach Bioware anbieten, und überlegen Sie, was Ihnen für den jeweiligen Standort in Ihrem Garten gefallen würde. Pflanzvorschläge helfen bei der Planung.

Auch im Frühling ist noch Zeit für neue Pläne. Bleiben Sie standhaft, wenn Pflanzen im Baumarkt oder Discounter in Ihren Einkaufswagen springen wollen. Gespritzte Massenware und Wechselbepflanzung zum Wegwerfen sind kein Gewinn. Sie haben keine gut sortierte Gärtnerei als alternative Anlaufstelle vor Ort? Dann kaufen Sie ohne schlechtes Gewissen online beim Wildstauden-Fachbetrieb. Dauerhafte Bio-Bepflanzung ist nachhaltig – trotz des Versandes.

Es ist Hochsommer und für Pflanzungen viel zu heiß? Perfekt. Zeit, zu recherchieren, welche Gartenprojekte Sie sonst noch angehen möchten. Wollen Sie das Gelände modellieren? Sollen Naturmodule gestaltet werden? Was kann aufgewertet oder umfunktioniert werden? Notieren und malen Sie, binden Sie die Kinder und den Partner mit ein. Bis zum Herbst sind Ihre Ideen sicherlich gediehen. Und falls nicht, kaufen Sie dann einfach erst einmal Zwiebeln …

Jede Veränderung beginnt mit dem ersten Schritt. Manche Menschen setzen auf Learning by Doing, andere durchdenken lieber. Im Prinzip braucht es beides: machen – aber halbwegs planvoll.

# 29 »Ein Garten kostet nur.«

*Kreativität ist Trumpf*

Aufwendige Planung durch Garten- und Landschaftsbauer, edler Terrassenbelag, stylishe Sitzgruppe, große Gehölze, umfängliche Anpflanzung, Rollrasen, ein Zaun und natürlich Arbeitskosten für jedes Gewerk … Selbst wer überall Abstriche macht, wird bei der Kalkulation seiner Gartengestaltung hier und dort schwer schlucken. Ist ein stilvoller Garten Menschen mit dickem Budget vorbehalten?

Mitnichten. Genauso wie wir in Mode- und Einrichtungsfragen ein schmales Budget mit Kreativität ausgleichen können, darf unser Garten ein individuelles Schmuckstück werden. Upcycling ist nicht nur trendy, sondern schont Geldbeutel und Umwelt. Vorhandenes aufhübschen, neu arrangieren oder umfunktionieren: Lassen Sie sich hier von der Kreativität der Kinder inspirieren, die wertfrei an Problemlösungen herangehen und einfach ausprobieren.

Wer beim Zaun einsparen möchte, setzt beispielsweise auf eine lebendige Variante (→ Kapitel 37). Wer bei den Pflanzen Abstriche machen muss, nutzt regionale Pflanzentauschbörsen und kombiniert Anpflanzungen mit Einsaaten. Wer bei teuren und oft unsinnigen Beetbegrenzungen sparen möchte, verzichtet auf betonierte Rasenkantensteine und nutzt beispielsweise bereits vorhandene Steine oder Totholz (→ Kapitel 32), das gleichzeitig Leben in den Garten bringt und spannender Strukturbildner ist. Um kostspielige Wegegestaltung zu vermeiden, setzt man am besten auf günstige und zugleich versickerungsoffene Alternativen (→ Kapitel 36). Auf kostenintensive Pflanzgefäße kann verzichten, wer alte Wannen oder Töpfe mit Abzugslöchern nutzt und die Not auf diese Weise zur individuellen Tugend macht. Und statt eines überteuerten, oft vielfach reproduzierten »Kunstobjekts« aus dem Baumarkt lassen sich mit etwas Kreativität echte Kunstwerke – geflochten, gestapelt, drapiert, kombiniert – erschaffen, die tatsächlich Unikate sind.

Einen ausrangierten Stuhl als Staudenstütze hat zweifellos nicht jeder.

# 30__»Ich kenn da wen …«

*Mangelware Expertise*

Nachdem man schon ein halbes Vermögen für die Anlage des Gartens ausgegeben hat, muss der Gürtel nun aber enger geschnallt werden. Wie gelegen kommen da bezahlbare Gartendienstleister aller Art. Die Tageszeitung und der Briefkasten sind voll mit Anzeigen und Flugblättern von vermeintlichen Allroundern. Ob Laubentsorgung oder Baumschnitt, Zaunmontage oder Wegearbeiten: Anruf genügt. Doch wie ist es um die Expertise dieser Menschen bestellt? Und wie unterscheidet man Fachpersonal von selbst ernannten Profis?

Gärtner/in ist in Deutschland eine geschützte Berufsbezeichnung mit entsprechender Berufsausbildung. Hierbei gibt es unterschiedliche Fachrichtungen: Garten- und Landschaftsbau, Baumschule, Friedhofsgärtnerei, Obst- beziehungsweise Gemüseanbau, Staudengärtnerei und Zierpflanzenanbau. Sie werden allerdings kaum einen Gärtner finden, der Dienstleistungen via Flugblatt offeriert. Meist werden nach dem »Wir-erledigen-alles-Prinzip« Servicearbeiten im Garten angeboten. Hecken- und Baumschnitt, Laub- und Grünschnitt-Entsorgung, Unkrautentfernung und Rasenpflege sind die angefragten Klassiker. Qualifikationen muss die Person hierfür keine aufweisen, sprich: Prinzipiell kann jeder ohne Ahnung und Ausbildung mit einem Pritschenwagen samt Laubbläser, Heckenschere und Co. einen Gartenservice eröffnen und bei Kunden loslegen.

Entsprechend problematisch sind oft die Ergebnisse unsachgemäßer Pflege. Die Auswirkungen sind besonders bei Bäumen (→ Kapitel 55–58) und anderen Gehölzen fatal. Baumpfleger/in ist in Deutschland kein Ausbildungsberuf und Pfusch am Baum selbst auf kommunalen Flächen eher die Regel als die Ausnahme. Es ist daher Vorsicht geboten, wenn man jemanden mit Gartenpflegearbeiten beauftragt. Misstrauen Sie Anzeigen und Flugblättern! Was in Jahren oder gar Jahrzehnten gewachsen ist, ist in wenigen Minuten unwiderruflich ruiniert. Und gespart wird hier sehr oft nur am Know-how.

Verkrüppelte Bäume zählen zu den häufigsten Pfuschereien von selbst ernannten Gartenexperten. Leider sind auch Kommunen oft kein gutes Vorbild.

# 31 »Gärten sind nur im Sommer schön.«

*Schönheit sehen lernen*

Mai und Juni zählen zu den beliebtesten Monaten bei Gärtnern. Die Beete stehen in voller Blüte, und wir können uns gar nicht sattsehen an all der bunten Fülle. Ist der üppige Flor vorüber, kehrt bei manchem der Frust ein: Ein ganzes langes Jahr warten, bis es wieder so beeindruckend wird! Unser Bild vom schönen Garten ist oftmals sehr eindimensional. Wir haben unsere Sehgewohnheiten ja auch recht einseitig trainiert – von den anderen Sinnen ganz zu schweigen …

Zunächst einmal bleibt zu sagen, dass sich durch die richtige Anpflanzung und Einhaltung des Trachtbandes fast das ganze Jahr über etwas Blühendes im Garten entdecken lässt. Natternkopf und Bergminze blühen oft noch im November, die Christrose begleitet den Jahreswechsel, und das bunte Sortiment an Frühblühern erfreut uns ab Februar.

Dass unser Garten im Winter so trist aussieht, liegt auch daran, dass bei den meisten Gärtnern die Stauden ratzekahl in den Winter starten, anstatt mit bereiften Blütenständen optisch zu verzaubern und dabei noch Lebensraum und Nahrungsquelle zu sein. Wer das platte Gärtchen modelliert und mit Naturmodulen, etwa liegendem und stehendem Totholz, strukturiert, hat selbst in der kalten Jahreszeit Spannendes fürs Auge geschaffen. Er oder sie wird – durch wildtierfreundliche Futterangebote – im Winter Besuch von Vögeln und Eichhörnchen erhalten. Und Wildtierbeobachtung entspannt nicht nur, sie macht auch glücklich und lässt uns das Gefühl von Lebendigkeit spüren.

Wir sollten uns achtsam auf die zahllosen Formen von Schönheit rückbesinnen: leuchtende Beeren, buntes Laub, immergrüne Pflanzen neben bizarren Blütenständen, ein bereiftes Spinnennetz, vielfältige Moose und Flechten. Dazu der Geruch eines sonnigen Herbsttages, der Duft des ersten Schnees, die Geräuschkulisse sich sammelnder Zugvögel – ein Garten ist eben sehr viel mehr als ein sommerschöner Blühort.

Blütenstände (Foto: Wilde Karde) haben ihre eigene Ästhetik. Auch im Herbst und Winter sind sie für den achtsamen Betrachter eine Zierde. Für Wildtiere sind sie Überwinterungsquartier und Nahrungsquelle.

# 32 »Schnittgut muss gehäckselt werden.«

*Warum »Holz-Abfall« wertvoll ist*

Im Frühling und Herbst geht es in den Gärten rund. Jetzt fällt jede Menge Schnittgut an. Und damit auch die immer wiederkehrende Frage: Wohin mit all dem Zeug?

Abgetrennte Äste oder abgestorbene Bäume werden oft als »Totholz« oder auch als »Altholz« bezeichnet. Was nach nutzlosem Abfall klingt, der maximal zum Verbrennen taugt oder zur Grüngut-Sammelstelle gefahren werden muss, sollte eigentlich treffender »Biotopholz« genannt werden – denn je nach Stadium des Verfalls stellen sich unterschiedliche Lebensgemeinschaften ein. Die Larven der meisten Bockkäferarten ernähren sich von abgestorbenem Holz. Der erwachsene Käfer hingegen benötigt Blütenteile, Baumsäfte und Blätter. Das Holz allein genügt also nicht. Nur wenn für beide Käferstadien gesorgt ist, wird ein Garten besiedelt.

Gemeinden und auch Gartenbesitzer fällen jeden Herbst und Winter aus verschiedenen Gründen sehr viele Bäume. In den meisten Fällen lässt sich dies leider nicht verhindern. Ehe aber alles geschreddert oder verheizt wird, kann man zumindest nachfragen, ob man sich Teile des Holzes für die eigene Gartengestaltung mitnehmen darf. Ob für Beetbegrenzungen oder arrangiert als Benjeshecke, Stumpery oder Käferkeller (→ Kapitel 33): Totholz wertet jeden Garten optisch und ökologisch auf.

Laubholz ist hier übrigens »wertiger« als Nadelholz, stehendes Totholz besser als liegendes, besonntes besser als beschattetes, dickeres besser als dünnes, gebrochenes besser als geschnittenes und noch mit Rinde erhaltenes besser als geschältes. Aber: Am Ende arrangieren Sie Ihre Totholzschätze so, wie sich diese am besten in Ihren Garten integrieren. Warum nicht ausprobieren und sich von anderen Gärtnern inspirieren lassen? Und: Keine Panik, wenn Totholz von Pilzen besiedelt wird. So ist der natürliche Kreislauf, und nur so profitieren verschiedene Organismen davon.

Ästhetische Lösungen zum Nulltarif wie dieses Totholz-Arrangement bringen Dynamik in die Gartengestaltung und sind wichtig für eine Vielzahl von Insekten, Pilzen, Vögeln und anderen Organismen.

# 33 — »Das muss doch weg!«

*Minibiotope für jeden Garten*

»Entsorg das doch mal …« Wer seinen Garten ökologisch aufwertet, bekommt solche Sätze gelegentlich zu hören. Allerdings meist nur so lange, bis das Gegenüber merkt, welche Überlegungen hinter Minibiotopen beziehungsweise Naturmodulen stecken. Spätestens jetzt erkennt man beim Gesprächspartner entweder ernsthaftes Interesse, oder dieser macht sich schnell aus dem Staub, weil er keine Fachgespräche führen möchte.

Mit Holz lassen sich nicht nur Beete einfassen. Bei einer Stumpery – einem Arrangement von Wurzeln an einem vorzugsweise halbschattigen bis schattigen Ort – ergeben sich Hohlräume und damit ein besonderes Kleinklima für Tiere und Pflanzen. Eine Benjeshecke sowie Holz- und Reisighaufen fungieren als Unterschlupf für zahlreiche Insekten, Kleinsäuger, Amphibien und Reptilien.

Weniger bekannt ist der Käferkeller, der mit sich zersetzendem Holz unter anderem optimale Bedingungen für die Entwicklung von Käfern vom Ei über verschiedene Larvenstadien und die Verpuppung bis hin zum adulten Exemplar bietet. Dies kann mehrere Jahre dauern. Alles, was es braucht, ist ein halbschattiges oder schattiges, nicht zu trockenes Plätzchen.

Wasser als Gestaltungselement findet bei klassischen Vogel- und Insektentränken (→ Kapitel 82) sowie bei einem (Mini-)Teich (→ Kapitel 25) Verwendung.

Mit Steinen lässt sich eine Natursteinmauer als Beetbegrenzung oder Hangstütze gestalten – vorzugsweise mit vorhandenem Material oder regionalen Steinen. Die nicht verputzten Fugen dienen beispielsweise Eidechsen oder Spinnen als Lebensraum. Steinhaufen und Pyramiden schaffen je nach Lage Sitzplätze, Rückzugsräume und Überwinterungsorte für Blindschleichen, Erdkröten oder Insekten und setzen auch im kleinen Garten gestalterische Akzente.

Mülltonnenhäuser lassen sich am einfachsten mit Pflanzaufsätzen und anspruchslosen Magerkünstlern begrünen.

Bei einer Benjeshecke wird Schnittgut zwischen zwei Pfahlreihen geschichtet. Dadurch entsteht Lebensraum und gleichzeitig ein Wind- und Sichtschutz. Mit einer Waldrebe lässt sich das Biotop gefällig und pflegeleicht begrünen. Hier wurde Brombeere gewählt.

# 34 »Ich darf das!«

*Mini-Exkurs Rechtsfragen I*

Anders als oft angenommen ist der Garten kein rechtsfreier Raum. Neben EU-Richtlinien und internationalen Abkommen als Rahmen existieren entsprechende Bundes- und/oder Landesgesetzgebungen und kommunale Verordnungen. Bitte beachten Sie: Dieses und das folgende Kapitel können lediglich einen sehr groben Überblick geben und orientieren sich an Beispielen aus Deutschland. Die rechtliche Lage ist für jeden Einzelfall gesondert unter Beachtung der entsprechenden Gesetze zu betrachten.

In Deutschland nimmt Paragraf 2 des Bundesnaturschutzgesetzes alle in die Pflicht: »Jeder soll nach seinen Möglichkeiten zur Verwirklichung der Ziele des Naturschutzes und der Landschaftspflege beitragen und sich so verhalten, dass Natur und Landschaft nicht mehr als nach den Umständen unvermeidbar beeinträchtigt werden.« Viele Beeinträchtigungen sind jedoch sehr wohl vermeidbar. Für einige drohen empfindliche Bußgelder. Unabhängig von gesetzlichen Regelungen gilt: Auf weitreichende Eingriffe ohne triftigen Grund – zum Beispiel eine gutachterlich festgestellte Verkehrssicherheitsgefährdung – ist zugunsten aller zu verzichten.

Das Fäll- und Schnittverbot nach Paragraf 39 des Bundesnaturschutzgesetzes betrifft auch Hecken, lebende Zäune und Sträucher in Gärten. Im Zeitraum vom 1. März bis zum 30. September sind nur schonende Form- und Pflegeschnitte gestattet, auch an Obstgehölzen. Darüber hinaus regeln Baumschutzsatzungen und/oder Bebauungspläne, wie, wann und in welchem Umfang Rückschnitt- und Fällungsmaßnahmen an Hecken und Bäumen erlaubt sind. Die Bußgelder reichen je nach Bundesland und Umfang des Verstoßes vom zwei- bis in den sechsstelligen Bereich. Leider erfolgt kurz vor der Schonzeit oft ein völlig sinnfreier radikaler Kahlschnitt. Wichtig: Vor jeder Maßnahme müssen Hecken und Sträucher gewissenhaft beobachtet und abgesucht werden, denn die Fortpflanzungs- und Ruhestätten wild lebender Tiere sind ganzjährig geschützt. Tiere halten sich nicht an menschliche Kalender.

Getrimmte Hecke im Juli. Die Optik lässt vermuten, dass sie regelmäßig unter viel Zeitaufwand einem Formschnitt unterzogen wird. Der Gesetzgeber erlaubt dies. Den Sinn solcher Maßnahmen muss jeder Gartenbesitzer für sich selbst beurteilen.

# 35 »Das muss doch wohl erlaubt sein!«

*Mini-Exkurs Rechtsfragen II*

Viele Themen werden von Gartenbesitzern recht lax gehandhabt. Doch der Gesetzgeber sieht dies anders und behandelt Verstöße gegen Naturschutzgesetze und -verordnungen nicht als Kavaliersdelikt.

Feuer im Garten ist in der Regel unter strengen Auflagen erlaubt, etwa in geschlossenen Feuerstellen wie Feuerschalen/-körben mit feuerfester Unterlage unter Aufsicht sowie ohne übermäßige Geruchsbelästigung. Es darf nur unbehandeltes, abgelagertes Holz verwendet werden. Andere Arten von Feuer sind genehmigungspflichtig. Verboten ist das Verbrennen von Abfällen wie Laub, Haushaltsabfällen oder sonstigen Materialien. Bei länger anhaltender Trockenheit ist auf jegliches Feuer im Garten zu verzichten. Hier werden gegebenenfalls Feuerverbote von Ländern oder Kommunen verhängt.

Was vielen Besitzern unbekannt sein dürfte: Der Einsatz chemischer Unkrautvernichtungsmittel in Einfahrten, auf Pflastersteinen, Gehwegen und sonstigen versiegelten Freilandflächen ist auch unter Verwendung handelsüblicher Produkte in Deutschland verboten. Das unter dem Handelsnamen »Roundup« bekannte Mittel mit dem Wirkstoff Glyphosat ist leider trotz seines Verbots im Jahr 2018 im Netz weiterhin problemlos erhältlich.

Häufig wird gegen das Verbot des Fangens, Verletzens und Tötens von Wildtieren verstoßen. Ob Maulwurf, Hornisse oder Wespe: Der Gesetzgeber stellt sie alle unter besonderen Schutz. So ist nicht nur das Verletzen und Töten eines Maulwurfs streng untersagt, sondern auch das Beschädigen und Zerstören seiner Fortpflanzungs- und Ruhestätte. Zuwiderhandlungen werden mit empfindlichen Bußgeldern geahndet. Ähnliches gilt für das eigenmächtige Entfernen von Bienenstöcken, Wespen- und Hornissennestern. Letztere sind vielen Gartenbesitzern ein Dorn im Auge. Hier ist in Ausnahmefällen das Umsiedeln durch Fachleute erlaubt. Entsprechende Experten sind bei Städten und Gemeinden zu erfragen.

Im Gegensatz zur Deutschen Wespe und zur Gemeinen Wespe ist die Feldwespe (Foto) nicht an menschlichem Essen interessiert. Artenrechtlich geschützt sind sie jedoch alle.

# 36 »Das müssen wir pflastern.«

*Versiegelungsarme Wege gehen*

Geflieste Terrassen, gepflasterte, oft überdimensionierte Einfahrten: (Teil-)Versiegelte Flächen gewinnen auch auf Privatgrundstücken immer mehr die Oberhand. Wer dann im Garten Wege anlegen möchte, denkt automatisch wieder an Pflaster und Beton – starre Grenzen für die Ewigkeit.

Wegegestaltung funktioniert aber auch wunderbar ressourcensparend. Warum nicht einmal den Spieß umdrehen und das Gras als »Wegbelag« nutzen? Wer keine Spielfläche benötigt, hat Platz für Beete und Biotopstrukturen und kann das Grün auf den entstehenden Wegen dazwischen belassen. Durch die intensive Nutzung stellt sich auf den »Trampelpfaden« eine Trittrasengesellschaft mit niederliegendem, strapazierfähigem Bewuchs ein. So muss seltener gemäht werden. Fazit: kostengünstig, zeitsparend und vor allem naturverträglich.

Kies- oder Splittwege gelten als robust und wasserdurchlässig. Natürlich sollte das Material nicht einfach auf den Rasen gekippt werden. Neben dem Abstechen der Grasnarbe wird meist ein Unterbau aus Kalkschotter und häufig auch ein Vlies zur Unterdrückung von Bewuchs empfohlen. Das Material verrutscht allerdings ohne Begrenzung gern. Eine Metall- oder Holzkante macht die Sache arbeitsintensiv, kostspieliger und bildet Barrieren.

Auch wenn sich Holzplanken gut in den Garten einfügen, verwittern sie mit der Zeit und sind bei feuchtem Wetter oft rutschig. Für frequentierte und häufig nasse Wege sind sie deshalb nicht zu empfehlen. Die wassergebundene Wegedecke hingegen ist nicht nur im Privatgarten, sondern auch in öffentlichen Parks und Friedhöfen eine versickerungsfreundliche und ökologische Option der Wegegestaltung. Manchmal reichen auch ein paar Natursteinplatten, etwa in tiefen Beeten. Hier lassen sich gebrauchte Materialien sehr gut verwenden. Upcycling dieser Art ist nicht nur ressourcenschonend, sondern verleiht dem Garten eine individuelle Note.

Versickerungsfreundlich und kostengünstig: Wie diese Weggestaltung zeigt, muss niemand durch Matsch laufen, wenn auf Flächenversiegelung verzichtet wird.

# 37 »Da fehlt ein Zaun.«

*Von lebendigen und toten Grenzen*

Doppelstabmatten, Maschendraht, Gabionen oder WPC? Grundstücksbegrenzungen können mehr als tote Grenzen sein. Sie geben uns das Gefühl von Schutz, stellen gleichzeitig aber auch Barrieren für Wildtiere dar. Es gilt daher, sich zunächst über folgende Punkte klar zu werden: Ist an dieser Stelle überhaupt eine Begrenzung nötig? Falls ja: Kann man sie tierfreundlich, also mit ausreichend dimensionierten Durchschlupfmöglichkeiten, ausstatten? Soll sie komplett grün, also ohne Zaun, oder zumindest begrünt gestaltet werden?

Verschiedene Zaunmaterialien haben unterschiedliche Eigenschaften, die es bei der Begrünung zu berücksichtigen gilt. Ein Metallzaun sollte korrosionsbeständig sein, denn natürlich bedeuten Pflanzen auch Feuchtigkeit. Holzzäune, egal, ob Latten-, Jäger- oder Staketenzaun, verwittern gerade bei einer verholzenden, mehrjährigen Begrünung mitunter stark. Hier kann daher alternativ mit einjährigen Rankpflanzen wie Winde, Platterbse und Kletternder Kapuzinerkresse gearbeitet werden. Hinter dem Holzzaun können dann mit etwas Abstand Sträucher gesetzt werden.

Für grüne Hecken gilt: Die Gehölze sollten mit ausreichend Abstand zwischen den Pflanzen und zur Grundstücksgrenze gesetzt werden. Wichtig: Das Fäll- und Schnittverbot zwischen 1. März und 30. September (→ Kapitel 34) gilt auch für lebendige Zäune wie etwa den Weidenflechtzaun aus frischen Stecklingen. Wer letzteren in Erwägung zieht, findet ausführliche Schritt-für-Schritt-Anleitungen zu Anlage und Pflege im Netz.

Ein grüner Sichtschutz bietet nicht nur ästhetischen Mehrwert. Er reduziert wie jede Begrünung die lokale Temperatur und schafft je nach Auswahl und Vielfalt der Gehölze wertvollen Lebensraum für Wildtiere. Selbstverständlich lassen sich auch vorhandene Zäune begrünen. Von der Begrünung des Zauns mit Efeu ist in den meisten Fällen abzuraten. Ausbreitungsfreudig wie er ist, macht er mitunter mehr Arbeit als Freude.

Auch ein begrünter Zaun sollte über einen Durchschlupf für Igel von mindestens zehn mal zehn Zentimetern verfügen. Dieser lässt sich auch in Maschendrahtzäune ohne Stabilitätsverlust schneiden. Aber Vorsicht: Die scharfen Enden sorgsam aufbiegen, damit sich kein Wildtier verletzt.

# 38 »Citizen Science? Schnickschnack!«

*Mehr als nur Spielerei*

Haben Sie schon einmal an der »Stunde der Wintervögel« von NABU (Naturschutzbund Deutschland) und LBV (Landesbund für Vogelschutz Bayern) teilgenommen oder beim »NABU Insektensommer« mitgemacht? Oder melden Sie Eichhörnchensichtungen über die Meldeapp des BUND (Bund für Umwelt und Naturschutz Deutschland)? Umweltschutzverbände rufen regelmäßig zu Mitmachaktionen auf, bei denen Laien Naturbeobachtungen übermitteln. So werden großräumig Daten gesammelt. Dies wird unter dem Begriff »Citizen Science«, also Bürgerwissenschaft, zusammengefasst.

Medial erfahren diese Aktionen seit einiger Zeit immer größere Aufmerksamkeit. Namhafte Botschafter werben für eine Teilnahme, und das journalistische Interesse, über die Ergebnisse zu berichten, ist gestiegen. Kritiker beklagen den mangelnden Wert der Daten. Die Fehleranfälligkeit solcher Aktionen sei schließlich extrem hoch, wenn man bedenke, dass selbst sorgfältig vorbereitete und durchgeführte Beobachtungen durch Fachkräfte die Realität nur eingeschränkt abbilden. So erfordere das Datenmaterial eine umsichtige Auswertung, die Beurteilung von Wahrscheinlichkeiten und Gegenrechnungen.

Dennoch darf bei der Kritik an der Qualität der Daten ein zentraler Punkt nicht vergessen werden: Citizen Science ruft Bürger dazu auf, sich zu beteiligen, sich zu interessieren und zu informieren. In einer Zeit, in der die Artenkenntnis der Menschen rasant im Schwinden begriffen ist, bedeuten diese Aktionen ein niederschwelliges Angebot für jedermann, sich mit vergleichsweise wenig Aufwand etwas mehr Artenkenntnis anzueignen. Sie liefern einfach zugängliche Informationen zu gängigen Arten und ebnen so auch Kindern einen Weg zu wertvollen Naturerfahrungen und -beobachtungen. Oftmals bieten die Projekte einen spielerischen, leichten Einstieg, der auch im pädagogischen Umfeld Möglichkeiten eröffnet.

Selbst wenn Mitmachaktionen wie die »Stunde der Wintervögel« einzig dazu beitragen würden, mehr Menschen aller Altersgruppen für Natur zu begeistern, hätten sie der Gesellschaft damit schon einen großen Dienst erwiesen (Foto: Gimpel).

# 39 »Das bisschen Spritzen …«

*Wenn alle verlieren*

Immer noch finden sich im Handel knapp 500 frei verkäufliche Pestizidprodukte für Privatanwender. Unvorstellbare 500 Tonnen reiner Wirkstoff landen so jährlich durch nicht berufliche Anwender in Privatgärten. Wer nun denkt, dass es sich dabei nur um »harmlose« Substanzen handelt, der irrt gewaltig.

Mit der Vielzahl an Insektiziden, Herbiziden wie Glyphosat, Fungiziden und Bioziden wie dem allseits beliebten Schneckenkorn wandern zahlreiche hochtoxische Stoffe unkontrolliert in Boden, Luft und Wasser. Sie schaden nicht nur Insekten, darunter den sogenannten »Nützlingen«, sondern nachweislich auch der menschlichen Gesundheit. Trotz der bekannten Gefahren sind sie überall erhältlich. Ein Skandal?

In der Tat, wenn man bedenkt, dass sie von nicht geschultem Personal in direkter Nähe von uns allen – besonders auch vulnerablen Gruppen wie Kindern, Schwangeren und älteren Personen – ausgebracht werden dürfen. Häufig kollidiert ihr Einsatz sogar mit dem Naturschutzgesetz. So ist beispielsweise die Bekämpfung von Wespen, für welche Biozide erhältlich sind, für Laien grundsätzlich verboten.

Um den Artenverlust zu stoppen und die Schädigung der Ökosysteme zu reduzieren, ist eine Reduktion der Pestizide unerlässlich. Im Privatgarten haben sie überhaupt nichts verloren, denn naturverträgliche Alternativen sind vorhanden. Herbizide (»Unkrautvernichter«) können durch Jäten, Hacken und Mulchen ersetzt werden. Insektizide erweisen sich in einem naturnahen Garten mit ausreichend Nützlingen als überflüssig. Pilzerkrankungen lässt sich mit richtigem Gießen, robusten Sorten und ausreichender Belüftung vorbeugen. Mit Mischkulturen, abgestimmten Pflanzennachbarn, Fruchtfolge und Pflanzenjauchen kann man Kulturpflanzen stärken. Solange der Gesetzgeber nicht tätig wird, bleibt nur, an das Verantwortungsbewusstsein jedes Einzelnen zu appellieren und auf Gift generell zu verzichten.

Die Auswahl an Gift im Baumarkt und Gartencenter ist beachtlich und verleitet immer noch viele Gärtnernde zum sorglosen Umgang mit Pestizidprodukten.

# 40 »Die werden's schon wissen …«

*Über öffentliche Vorbildfallen*

Bedenkt man, in welch mannigfachen Varianten öffentliches Grün daherkommen kann, dann wird klar, welches Potenzial hier schlummert: Üppige Flächen wie Parks, Friedhöfe, Wälder, Brachen und Grünanlagen öffentlicher Bauten wechseln sich ab mit Verkehrsbegleitgrün, Inseln von Kreisverkehren, Parkplatz- und Bauwerksbegrünung. Die Gestaltung kommunaler Grünflächen nimmt unmittelbaren Einfluss auf unsere Lebensqualität im Siedlungsraum und kann das Stadtklima merklich verbessern. Idealerweise bilden die genannten Areale ein grünes Netz.

Auch wenn immer mehr Kommunen dazu übergehen, ihre Flächen ökologisch wertvoller und ressourcensparender anzulegen: Hier ist noch viel Luft nach oben. Unsachgemäßer Baumschnitt und fragwürdige Wechselbepflanzung auf Verkehrsinseln sprechen eine andere Sprache als das grüne Image, das man gern hätte. Oft scheitern die Bemühungen um artenfreundliche Gestaltung an einer mangelnden Kooperation zwischen Politik, Verwaltung, den beauftragten Betrieben und der Öffentlichkeit. Denn nur wenn alle Beteiligten mit im Boot sind, kann nachhaltige Veränderung stattfinden.

Leider wird gern vergessen: Die Vorbildwirkung dieser Flächen ist enorm. Öffentliche Stellen genießen bei vielen Menschen eine Art Kompetenzvorschuss. »Wenn die das so machen, dann wird das schon passen – und dann darf ich das auch!«, denkt sich der eine oder andere Bürger. So ist es kaum verwunderlich, dass sich gekappte Bäume und ökologisch fragwürdige Wechselbepflanzung weiterhin in Gärten finden – viele Städte und Gemeinden leben es schließlich falsch vor.

Macht man sich im Rathaus jedoch ernsthaft Gedanken darum, bei der Gestaltung die Funktion mit Verkehrssicherheit und Artenschutz zusammenzudenken, kann dies auch die Bevölkerung mitziehen. Hier können Kommunen von Vorreitern lernen und sich an Blaupausen abschauen, wie neue Wege glücken.

Aufwendige Wechselbepflanzung mit Wegwerfware verschwendet wertvolle Ressourcen und ist nicht mehr zeitgemäß. Allmählich gehen Kommunen hier neue Wege (siehe Fotos) – doch bei Weitem noch nicht flächendeckend.

# 41 »Neue Geräte erleichtern die Arbeit.«

*Garten-Gadgets, die die Welt nicht braucht*

Ein neuer Teleskop-Unkrautstecher, eine ergonomische Schaufel – im Baumarkt findet der Hobbygärtner nicht nur, was sein Herz begehrt, sondern auch allerlei, von dem er zuvor nicht einmal wusste, dass es existiert. Arbeitserleichterung und Rückenschonung klingen verlockend. Doch wie viel Mehrwert bieten solche Innovationen?

Dass Neuheiten meist deutlich teurer verkauft werden als herkömmliche Produkte mit bekanntem Design, versteht sich von selbst. Die Hersteller verdienen kräftig mit immer wieder neuen Garten-Must-haves, auch wenn die Bedienung oder der Effekt bisweilen Fragen offenlassen.

Selbstverständlich sind die Bedürfnisse von Gärtnernden nicht so einfach zu vergleichen. Es ist ein Unterschied, ob man Bäume im Garten hat oder nicht, ob Knie und Rücken noch fit oder eben nicht mehr ganz taufrisch sind. Nicht immer halten die Geräte, was sie versprechen. Der Teleskopstangen-Unkrautstecher, der den Rücken schonen soll, aber dafür große Löcher in die Erde reißt und kompliziert zu handhaben ist, hilft eher wenig. Ergonomische Griffe klingen gut, doch wenn die Arbeit mit dem herkömmlichen Werkzeug schneller und sogar einfacher zu bewerkstelligen ist, erübrigt sich die Anschaffung.

Doch nicht nur immer neue Gartengeräte überschwemmen den Markt: Auch andere Outdoor-Gadgets wollen bei uns einziehen. Ob Fingermesser oder LED-Sitzreifen, Outdoor-Leinwand, Feuerfarbpulver oder Teleskop-Grillzange – die Liste der Dinge, die die Welt nicht braucht, ist lang. Es lässt sich festhalten: Innovationen sind wie so vieles im Leben Geschmackssache. Allerdings ist die Anschaffung von Werkzeugklassikern wie einer wertigen Gartenschere (statt eines Finger-Überzieh-Knipsers), eines soliden Standard-Unkrautstechers (statt einer verwinkelten Ergo-Variante mit Teleskopgriff), einer Grabgabel und gegebenenfalls eines Sauzahns (→ Kapitel 101) eine sinnvolle Investition für viele Jahre.

Teure Gadgets im Garten sind verzichtbar. Ein handelsüblicher Unkrautstecher hilft nicht nur beim Jäten von Beikräutern, sondern auch beim Pflanzen von Blumenzwiebeln.

# 42__»Ist doch alles bio!«

*Schnelle Entsorgung mit Folgen*

Die Biotonne quillt über, der Weg zur Grünschnitt-Sammelstelle ist weit. Der Waldrand hingegen liegt jederzeit erreichbar direkt um die Ecke. Warum die Gartenabfälle also nicht dort abladen? Das verrottet schließlich – halb so wild! Diesen Gedankengang haben offenbar nicht wenige Hobbygärtner. Die Fälle von illegal deponierten Gartenabfällen im Wald und auf Freiflächen sprechen Bände. Die Konsequenzen sind gravierend.

Selbst eine dünne Schicht Gartenabfälle kann die natürliche Vielfalt zerstören. Sie trägt zur Verbreitung gebietsfremder Arten bei und schädigt die natürliche Bodenbiologie und den Nährstoffhaushalt. Bei nährstoffarmen Böden wirkt der verrottende Grünschnitt wie eine Boosterdüngung. Er sorgt für Sauerstoffmangel und begünstigt stickstoffliebende, teils invasive Arten, die durch Samen, Wurzeln und Knollen ebenfalls im Grünabfall stecken. Entsorgte Zierpflanzen tragen außerdem Pestizide ein. Die standorttypische Flora und die von ihr abhängige Fauna haben das Nachsehen. Die Gewässer sind ebenfalls gefährdet. Vor allen Dingen das in Gartenabfällen enthaltene Nitrat kann in Bäche, Flüsse und Grundwasser gelangen und so auch die Trinkwassergewinnung erheblich beeinträchtigen.

Vergessen wird meist, dass dieses Verhalten schnell Nachahmer findet. So werden Abfallkippen größer, und es landen am Ende auch Hausmüll und Schrott in der Natur. Die Hemmschwelle sinkt, denn da liegt ja ohnehin schon etwas. Die Entsorgungs- und Folgekosten trägt letztlich die Gemeinschaft. Illegale Grünentsorgung verstößt nicht nur gegen das Abfallrecht, sondern auch gegen das Wasserrecht, Landschaftsrecht und Forstrecht. Es drohen daher empfindliche Bußgelder.

Dieses Beispiel zeigt deutlich, dass alles mit allem zusammenhängt. Es lohnt sich also, nicht nur über einen Kompost nachzudenken, sondern auch darüber, welche Wege man generell in seinem Garten gehen möchte.

Illegale Entsorgung von Garten- und Grünabfällen ist strafbar. Wenn eine Kompostierung im eigenen Garten nicht möglich ist, müssen kommunale Entsorgungsmöglichkeiten genutzt werden.

# 43 »Mit Kindern gärtnern? Klappt nicht!«

*Schatzsuche im eigenen Grün*

Naturerfahrung ist ein existenzielles Bedürfnis des Menschen. Dies gilt besonders für Kinder. Inzwischen gibt es unzählige Studien darüber, welch positive Auswirkungen frühe, andauernde Naturkontakte auf die mentale, soziale und körperliche Gesundheit von Kindern haben. So früh wie möglich und zusammen mit anderen – so lautet die verkürzte Formel. Nur so wächst eine Generation heran, die ihre Umwelt wertschätzt und schützt. Sie nicken vielleicht und sehen den Nachwuchs oder die Enkel schon fröhlich Ihre Beete umgraben. Gärtnern mit Kindern – kann das funktionieren?

Für Kinder ist ein Garten oder ein begrünter Balkon ein Abenteuerspielplatz. Schon die Kleinsten können ein Bewusstsein dafür entwickeln, dass Pflanzen Lebewesen sind, wachsen, blühen und Früchte hervorbringen. Sie entdecken Insekten und andere Gartenbewohner und lernen, wie sie respektvoll und angstfrei mit ihnen umgehen. Die Auswertung zahlreicher Studien ergab, dass allein das Umweltwissen nur geringen Einfluss auf Umweltbewusstsein und – als weiteren Schritt – umweltverträgliches Handeln hat. Vielmehr sind es die positiven Umwelterfahrungen, die den Menschen prägen und am Ende (quasi nebenbei) Einfluss auf sein Handeln nehmen.

Im Umkehrschluss bedeutet dies: Wir müssen Kinder echte Gartenerfahrungen machen lassen. Und als Erwachsene von ihnen lernen, neu zu sehen, Regenwürmer, Schnecken und Gänseblümchen als faszinierende und schöne Geschöpfe wahrzunehmen. Nicht zuletzt sollten wir über das Phänomen der »Shifting baselines« nachdenken: Jede Generation hat einen anderen Ausgangspunkt zur Wahrnehmung der Umwelt. Das verzerrt den dramatischen Verlust von Arten, denn was wir heute sehen, erscheint uns als der »normale« Referenzpunkt, auch in Bezug auf das Artenspektrum. Wer also als Kind keine Schmetterlinge kennenlernt, wird sie als Erwachsener auch nicht vermissen. Fatal.

Für Kinder ist ein Garten ein wertvoller Erfahrungsraum - wenn sie auch aktiv werden dürfen. Nirgendwo kann man einfacher Kenntnisse über und Liebe zur Natur entwickeln.

# 44 »Das Unkraut muss weg!«

*Definitionsfragen und Blickwinkel*

Löwenzahn besiedelt Fugen, die Zaunwicke erklimmt Sträucher, und der Giersch wächst munter vor sich hin. Manche Menschen sind erstaunlich erfinderisch, wenn es um die Entfernung von unerwünschten Pflanzen geht. »Bekämpfungsmittel« wie Essigsäure, Salz, Natron, Gasbrenner und natürlich die ganze Palette der Herbizide machen den Garten eher zum Kriegsschauplatz denn zur Lebensoase. Was wir als »Unkraut« – inzwischen eher »Beikraut« – bezeichnen, taucht aus menschlicher Sicht unerwünscht und ungeplant in unserem Garten auf. Die Natur hingegen kennt keine derartigen Kategorien, denn in natürlichen Ökosystemen hat jede Pflanze ihre Funktion und ihren Platz.

Gut und schön, aber soll im Garten alles wachsen, wie es will? Nein, denn klar ist: Wer auf jeglichen Eingriff verzichten würde, hätte am Ende durch natürliche Sukzession einen Wald in seinem Garten. Doch der Begriff »Pflege« ist ein weites Feld, und die Vorstellungen über den angemessenen Umfang gehen weit auseinander. Subtil zum rechten Zeitpunkt und im richtigen Maß lenkend einzugreifen erfordert Aufmerksamkeit, Erfahrung und Artenkenntnis. Wir kommen also nicht umhin, uns mit unseren Mitbewohnern im Garten zu beschäftigen.

Was sollte weg? Diese Frage stellt sich auch für tolerante, Vielfalt liebende Gärtner immer wieder. In jedem Fall entfernt werden sollten angeflogene Baum- und Strauchsamen, zum Beispiel von Ahorn, Esche, Hartriegel und Efeu. Gleiches gilt – aus anderen Gründen – für sogenannte invasive Arten wie Drüsiges Springkraut und Kanadische Goldrute. Mehr zum Umgang mit Giersch finden Sie in Kapitel 65. Das Einjährige Berufkraut sollte sich nicht versamen, und auch die Quecke, die sich vorwiegend durch ihr Rhizom verbreitet, gilt es im Auge zu behalten. Und was darf bleiben? Das entscheidet der Gärtner immer wieder aufs Neue. Mit wachsender Artenkenntnis wächst auch die Toleranz für Beikräuter und ihre Schönheit.

Gänseblümchen (oben) und Ehrenpreis (unten) sind Zierrasenfreunden ein Dorn im Auge. Insekten hingegen lieben beide. Entdecken Sie die winzige Wildbiene?

# 45__»Bei Billigpflanzen spar ich richtig.«

*Im Sparmodus gegen die Natur*

Schön und gesund sehen sie aus, wie sie da im Regal stehen: Blaukissen und Phlox, Lavendel und Goldmarie. Und Schnäppchenjäger machen sie glücklich: Pflanzen, die im Supermarkt oder Gartencenter zum Dumpingpreis verhökert werden. Oft wandern sie ganz nebenbei in den Einkaufswagen.

Die Produktionsbedingungen der Pflanzen (→ Kapitel 11) interessieren da wenig. Wer allerdings billig produziert, setzt nicht auf Qualität, sondern auf schnell und viel – egal, wie. Während der Bioanbau im Freiland wesentlich platz- und arbeitsintensiver ist, stammen die oben genannten Schnapper aus dem Gewächshaus, wurden unter Einsatz von Dünger und Pestiziden, reichlich Bewässerung auf minimalstem Raum energieintensiv in Rekordzeit gezogen. Gern wird auf diese Weise produzierten Blühpflanzen seit einigen Jahren noch das verkaufsfördernde Label »bienenfreundlich« angehängt. Schließlich möchten immer mehr Kunden Insekten etwas Gutes tun.

Doch abgesehen davon, dass viele dieser »Bienenfreunde« nur für wenige Insekten interessant sind und nicht selten außerhalb des Gewächshauses eingehen, kann der Kunde Entscheidendes nicht sehen: den Chemiecocktail, den er gleich mit erwirbt. Im Sommer 2023 fand der BUND bei als »bienenfreundlich« deklarierter Ware reichlich Gift. 64 Prozent der Pflanzen enthielten bienengefährdende, 73 Prozent der Proben für Menschen gefährliche Pestizide.

Wer langlebig und giftfrei kaufen will, erwirbt seine Pflanzen in einer gut sortierten Wildstaudengärtnerei vor Ort oder online. Viele bieten Bioqualität, auch zum Versand. Auf die jeweiligen Bedingungen abgestimmte Pflanzpakete erfreuen sich immer größerer Beliebtheit. Einzig die Standortgegebenheiten im Garten sollte man vorab bestimmen. Es gibt nichts, was für billig produzierte Discounter- und Baumarktware spricht. Für das schmale Budget sind Pflanzentauschbörsen oder Saatgutausleihen eine gute Alternative.

Fragwürdig produzierte Billigpflanzen als Wegwerfware für maximal eine Saison erworben: Das Geschäftsmodell funktioniert nach wie vor. Wer wirklich sparen will, sollte jedoch nachhaltig denken.

# 46 »Pflanzen brauchen ständig Pflege.«

*Pflanzen vertrauen*

Wie kann es sein, dass in der Natur niemand mit der Gießkanne oder mit Dünger nachhilft und es trotzdem blüht und grünt? Die Frage klingt zunächst lächerlich, birgt aber eine zentrale Erkenntnis: Pflanzen gedeihen an passenden Standorten. Wir werden keine Sonnenanbeter im tiefsten Unterholz finden und keine Sumpfpflanze auf trockenem Sandboden.

Im Garten machen wir uns selten Gedanken über Boden und Standort. Oft kaufen wir spontan »etwas Schönes« und fragen uns erst später im Garten: Wohin damit und zu welchem Zweck? Wenn wir stattdessen vorab die Gegebenheiten bestimmen, anschließend passende Pflanzen eruieren und dann kaufen, sparen wir langfristig viele Ressourcen und werden obendrein mit Ästhetik belohnt.

Heimische Wildstauden bieten viele Vorteile und schlagen Zierpflanzen aus dem Baumarkt in entscheidenden Punkten. Sie sind über evolutionäre Prozesse an unsere klimatischen Bedingungen angepasst. Viele von ihnen verfügen über ein sehr langes und verzweigtes Wurzelsystem, das sie auch an trockenen Standorten gedeihen lässt. Aufwendige Pflege im Sommer wie im Winter entfällt. Durch ihre Langlebigkeit und die Fähigkeit, Samen zu bilden, ist eine jährliche Neubepflanzung überflüssig. Die Pflanzen gestalten den Garten mit. Wildstauden und -gehölze sind im Vergleich zu vielen Exoten außerdem recht günstig. Und schließlich ernährt jede Wildpflanze im Schnitt zehn Tierarten. Pflanzen sind der Ausgangspunkt für tierisches Leben.

Die Natur hält also auch hier die beste Lösung selbst bereit. Die Standorte können sich selbst innerhalb eines Gartens extrem unterscheiden: von vollsonnig bis schattig, von trocken bis nass, von fett bis mager, von sauer bis basisch. Wer die Bedingungen in seinem Garten kennt, kann buchstäblich aus dem Vollen schöpfen.

Gewöhnlicher Dost und Staudenlein blühen lange, sind trockenheitsverträglich und benötigen kaum Pflege.

# 47 »Ein Hoch auf den Rasen!«

*Die Illusion vom Green Carpet*

Perfektes Rasengrün, akkurat getrimmt und garantiert unkraut- und kahlstellenfrei: Der Traum vom sogenannten Green Carpet scheint rund um den Globus ungebrochen. Einmal erreichte mich sogar eine Anfrage aus Tokio von einer langjährigen Bekannten, deren irischer Ehemann sich unbedingt einen Vorzeige-Rasen im Herzen der Megametropole wünschte. Sattgrün wie in Irland.

Ich konnte nur abraten und empfahl Staudenbeete mit in Japan heimischen, standortangepassten Pflanzen. Man entschied sich trotzdem für Rollrasen. Das Ende vom Lied: Der Rasen vertrocknete kläglich in der Sommerhitze Tokios – trotz aller Wässerungsversuche.

Viele Gartenbesitzer wollen schnelle Ergebnisse. Und weil die Natur dieses Tempo nicht halten kann, ist der Kauf von Fertigrasen, den man auch noch sofort nutzen kann, eine verlockende Sache. Was selten bedacht wird: Schon der Anbau ist ressourcenintensiv, vor allem in Bezug auf Bewässerung. Hinzu kommen eine oftmals hohe Pestizidbelastung und die Tatsache, dass auf das schnelle Verlegen die jahrelange Pflege folgt.

Strapazierfähig, trittfest, pflegeleicht: Auch für jene, die vielleicht aus Kostengründen eine Ansaat vorziehen, sind dies wohlklingende Versprechungen. Doch gerade Pflegeleichtigkeit kann kein Rasen für sich beanspruchen. Auch wer langsam wachsendes, spät blühendes und trockenheitsverträglicheres Qualitätssaatgut wählt, muss wissen: Der Aufwand mit wöchentlichem Mähen, regelmäßiger passgenauer Düngung, Wässerung und natürlich dem Vertikutieren zur Entfernung von sogenanntem »Rasenfilz« bleibt. Am Ende landen alle Rasenbesitzer in der gleichen Endlosschleife.

Tatsächlich stellt sich mit dieser Taktik ein entsprechendes Ergebnis ein. Doch zu welchem Preis? Der Aufwand an Zeit, Geld und sonstigen Ressourcen dient einzig dem eigenen Ästhetik-Anspruch, denn der ökologische Wert des englischen Rasens liegt leider bei null.

Der Green Carpet als ressourcenverschlingende Arbeitsbeschaffungsmaßnahme ist nichts für umwelt- und zeitbewusste Gärtner.

# 48 »Rasen, Gras, Wiese – ist doch das Gleiche!«

*Warum Bezeichnungen Unterschiedliches meinen*

Manchmal nehmen wir es mit Begrifflichkeiten nicht allzu genau: Gras, Wiese, Rasen – in unseren Ohren klingt das ähnlich und meint doch Unterschiedliches. Es lohnt sich, diese Bezeichnungen einmal genauer zu beleuchten.

Ein *englischer Rasen* oder *Zierrasen* ist eine artenarme, aus wenigen Gräsern bestehende dichtwüchsige Grünfläche, stets kurz und auf homogene Optik getrimmt. Für Insekten ist er gänzlich uninteressant und nur durch viel Aufwand, Dünger- und Wassereinsatz zu erhalten. Wer den Kampf gegen Windmühlen aufgibt und den Rasen allenfalls ab und an mäht, ansonsten aber in Ruhe lässt oder bewusst einsät, erhält einen *Wildrasen* oder *Blumenrasen*, auch *Blumenkräuterrasen* genannt. Er ist ähnlich trittfest wie ein Rasen und dabei deutlich artenreicher – wenn auch nicht so artenreich wie eine Blumenwiese.

Der Begriff *Wiese* oder *Blumenwiese* hingegen bezeichnet besonders biodiverse Ökosysteme. Diese sind entweder natürlichen Ursprungs, wie beispielsweise Almwiesen oder Salzwiesen, oder wurden von Menschen geschaffen, etwa durch Mahd oder Beweidung. Auf Wiesen wachsen in Abhängigkeit von Feuchtigkeit, geografischer Lage, Nährstoffgehalt und sonstigen Bedingungen entsprechende Gräser, Wildblumen und -kräuter. Dabei bilden sie wertvolle Lebensräume für verschiedene tierische Organismen. Die meisten unserer Wiesen würden sich ohne Mahd oder Beweidung zu Waldbiotopen entwickeln, das heißt, es würden sich Bäume und Büsche ansiedeln.

Im Garten lassen sich Blumenrasen und -wiese gut kombinieren. Wenn möglich, sollte auf eine gebietseigene Saatgutzusammensetzung geachtet werden, die bei zertifizierten Produzenten erhältlich ist. Im Siedlungsraum bedeuten fachgerecht angelegte und gepflegte Wiesenflächen meist – nicht immer – eine ökologische Aufwertung. Wer allerdings denkt, es sei mit dem Ausbringen von Saatgut und ein wenig Anfangsbewässerung getan, irrt – wie das folgende Kapitel zeigt.

Die Ansaat und Pflege einer nachhaltigen Wildblumenwiese, die über viele Jahre möglichst artenreich bleibt, ist keine Raketenwissenschaft, verlangt aber mehr Know-how und Zeit als eine Anpflanzung.

# 49 »Da nehmen wir ein Saatguttütchen!«

*Gut gemeint und schlecht gemacht*

Die Gemeinde verschenkt sie als »Insektenbüfett«. Der Baumarkt verkauft sie, damit es summt und brummt. Selbst beim Kindergartenfest gibt es sie – als »Seedbombs« mit Überraschungsinhalt. Angeblich insektenfreundliche Saatgutmischungen scheinen die Einfachlösung für jedermann. Tüte auf, Samen ausbringen und gießen – das kriegt auch der gartenfernste Mensch gebacken. Doch was ist dran an diesen vermeintlich ökologischen Wundertütchen?

Die Antwort fällt tatsächlich ernüchternd aus. Die meisten dieser Blüh- und Blumenwiesenmischungen, die man selbst auf kommunalen Flächen findet, sind nichts als Mogelpackungen. Häufig enthalten sie Handelssaatgut aus der ganzen Welt, das vielleicht hübsch anmutet, aber nicht hält, was es verspricht: einen Nutzen für Insekten. Wer sich also nicht von großblütigen bunten Einjährigen täuschen lassen will und eine artenreiche Wildblumenwiese mit heimischen Wildpflanzen und echtem Mehrwert anstrebt, sollte unbedingt die Finger von solchen Saatgutgeschenken lassen und stattdessen auf hochwertiges, zertifiziertes Saatgut mit der richtigen Zusammensetzung bauen. Aber auch hier gilt: Wirklich nachhaltige Ansaaten, die über viele Jahre artenreich sind, benötigen die passende Pflege und sind weniger Anfänger- als Königsklasse. Auch wenn im Siedlungsraum nicht gesetzlich vorgeschrieben, sollte gebietseigenes Saatgut verwendet werden.

In der freien Landschaft dürfen nach dem Bundesnaturschutzgesetz nur Pflanzen ausgebracht werden, die ihren genetischen Ursprung in dem jeweiligen Gebiet haben. »Seedbombs« oder Samentütchen haben also außerhalb des Siedlungsbereichs nichts verloren, denn die regional natürlich vorkommenden Arten sollen in ihrer genetischen Vielfalt erhalten bleiben. Wer Töpfe oder Beete begrünen will, ist mit einer Staudenanpflanzung plus Einsaat von Ein- und Zweijährigen als Lückenfüller meist besser bedient.

Hochwertiges Saatgut aus zertifiziertem Anbau unterliegt strengen Auflagen. Gebietseigenes Saatgut ist speziell gekennzeichnet.

# 50 »Das giftige Zeug muss raus!«

*Vom Umgang mit Giftpflanzen*

Gewöhnlich entscheidet beim Pflanzenkauf die Optik. Wer sich dann intensiver mit der Thematik auseinandersetzt, ist meist überrascht. »Hoppla, giftig! Das fliegt aus dem Garten.« Thuja, Efeu, Liguster, Eibe, Lupine, Rittersporn – tatsächlich sind selbst viele Gartenklassiker für Mensch und (Haus-)Tier giftig. Der erste Impuls, sie aus dem Garten zu verbannen, ist also nachvollziehbar, vor allem wenn Kinder im Spiel sind.

Niemand würde Kleinkind-Eltern raten, Fingerhut oder Tollkirsche zu kultivieren. Experten empfehlen, in Gärten mit Kindern grundsätzlich auf folgende vier für Kinder besonders attraktive, aber gefährliche Pflanzen zu verzichten: Goldregen, Pfaffenhütchen, Stechpalme und Seidelbast. Auch bei Pflanzen, die etwa bei UV-Einstrahlung phototoxische Reaktionen auslösen, ist zu überlegen, wie konsequent man Handschuhe bei der Gartenarbeit trägt.

Es existiert in Deutschland keine spezifische Kennzeichnungspflicht. Oftmals sind Zierpflanzen mit Warnhinweisen versehen. Wer keine Kinder hat, sollte sich informieren und dann entspannen. Allen Eltern muss klar sein: Früher oder später wird ihr Kind mit Giftpflanzen in Kontakt kommen. Der beste Schutz ist also, den Nachwuchs frühzeitig für die Thematik zu sensibilisieren. Artenkenntnis und Wissen helfen, sachgerecht und angstfrei mit Giftpflanzen umzugehen – auch im eigenen Garten. Sie generell aus unserem Lebensumfeld zu verbannen kann nicht die Lösung sein, allein deshalb, weil viele von ihnen auf der Roten Liste stehen.

Wichtig: Hat Ihr Kind eine Giftpflanze in den Mund genommen oder geschluckt, sollten Sie unverzüglich die Giftnotrufzentrale anrufen. Sichern Sie, wenn möglich, Pflanzenteile, damit die Giftstoffe leichter identifiziert werden können. Geben Sie nichts zu trinken und provozieren Sie kein Erbrechen. Weitere Infos finden Sie unter www.bvl.bund.de.

Gefahr erkannt – Gefahr gebannt: Artenkenntnis und Aufklärung sind die besten Verbündeten im Umgang mit Giftpflanzen (Foto: Pfaffenhütchen).

# 51 »Die Hecke gehört gestutzt!«

*Ein geometrisches Missverständnis*

Unter dem Begriff Hecke stellen sich die meisten Menschen einen in Form gebrachten grünen Sichtschutz vor, der uns vor neugierigen Blicken schützt. Die Pflanzen, die wir dabei vor Augen haben, sind die üblichen Verdächtigen: Thuja, Liguster, Hainbuche und Kirschlorbeer. Gartenbesitzer setzen oft auf eine der genannten Pflanzen. So lässt sich mit der Gartenschere einfach drüberratschen, und alles sieht ordentlich aus.

Unser Heckenbild spiegelt ein gängiges Gartenproblem wider: Monotonie statt Vielfalt. Der Blick in die Landschaft macht die Bedeutung von Mischhecken auch im Garten deutlich. Sie sind weit mehr als ein Sichtschutz. Sie filtern Staub, Schmutz und Abgase. Auch Lärm wird gedämpft. Sie liefern Schatten und reduzieren die Verdunstung, verhindern Bodenerosion durch Wind und Wasser und sind bedeutsamer Lebensraum für eine Vielzahl von Wildtieren. So bieten Hecken Nahrung, Schutz und Fortpflanzungsmöglichkeiten für Vögel, Insekten, Kleinsäuger, Amphibien und Reptilien.

Exoten wie Kirschlorbeer und Thuja haben hier im Vergleich zu heimischen Gehölzen das Nachsehen, da sie entweder auf Unfruchtbarkeit gezüchtet wurden, ihre Früchte in unserem Klima gar nicht erst ausreifen oder diese für die hiesige Tierwelt uninteressant sind. Heimische Wildsträucher wie Kornelkirsche, Strauchkronwicke und Haselnuss punkten mit Unempfindlichkeit und Widerstandskraft, Anspruchslosigkeit in Bezug auf Pflege und Anschaffungskosten. So sparen Sie Zeit und Geld – auch für überflüssige Dünge- und Spritzmittel – und locken zahlreiche Wildtiere in den Garten.

In der freien Landschaft bestehen Hecken aus unterschiedlichsten Gehölzen und bieten so ein vielfältiges Angebot für verschiedene Bedürfnisse. Wer auf den richtigen Standort, die Endgrößen und ausreichend Pflanzabstand zwischen den Sträuchern sowie zum Nachbargrundstück achtet, wird mit wunderbaren Naturerlebnissen belohnt.

Vogelnährgehölze (Foto: Kornelkirsche) sind als Teil einer gemischten Wildsträucherhecke attraktiv für Vögel wie Eichelhäher, Kernbeißer, Dompfaffen, Amseln und Drosseln.

# 52 »Braune Stängel müssen weg!«

*Einfach mal die Füße stillhalten*

Kaum zeigen sich die ersten trockenen Stängel in den Beeten, juckt es die meisten Gärtner schon wieder in den Fingern. Der Ordnungssinn meldet, dass hier Unansehnliches beseitigt werden muss. Wer dem nun nachgibt, vernichtet mehr, als er denkt.

Auch wenn uns braune Pflanzenstängel trist erscheinen mögen, so sind sie für viele unserer heimischen Wildtiere Überwinterungsquartier und Nahrungsquelle zugleich. Jeder Zweig und jeder Stängel, der über den Winter verbleiben darf, hilft Vögeln und Insekten beim Überleben. Samen und Fruchtstände von Wilder Möhre, Karde, Ringelblume und Co. sind beispielsweise bei Meisen und Finken beliebt. Beeren von Liguster, Schlehe, Holunder oder Weißdorn finden ebenfalls dankbare Abnehmer.

Verdorrte Pflanzenteile sind nicht nur Überwinterungsquartier für Insekten, sondern auch die Kinderstube. Gerade Blattlausjäger wie Marienkäfer oder Florfliegen, auf deren Hilfe wir im kommenden Frühjahr setzen, suchen hier in der kalten Jahreszeit Unterschlupf. Markhaltige Pflanzenstängel sind beispielsweise Nistorte von Wildbienen. Allerdings müssen sie dafür mehrere Jahre stehen bleiben. Manche Gärtner montieren solche Stängel daher etwa in einem halben Meter Länge an besonnter Stelle und ohne Bodenkontakt senkrecht am Zaun, wo sie nicht stören. Schmetterlinge überwintern – je nach Art – in allen Stadien an den Pflanzen, ob als Raupe (wie bei Bläulingen), Puppe (etwa bei Kohlweißlingen) oder adulter Falter (Kleiner Fuchs, Tagpfauenauge). Generell gilt: Ungemähte Flächen und Brachen gibt es immer seltener. Die Larvenstadien vieler Schmetterlings-, Zikaden- und Käferarten haben durch regelmäßige Mahd keine Chance.

Wer weniger aufräumt, beweist Weitblick und sagt Ja zum Leben. Damit auch der letzte Nachbar Bescheid weiß, kann ein Schild helfen: »Hier überwintern die Schmetterlinge von morgen.«

Manche Schönheit offenbart sich nur dem achtsamen Betrachter.

# 53 »Im Winter blüht eh nichts.«

*Blüte in der kalten Jahreszeit*

Viele Menschen hadern im Winter mit dem kahlen grauen Gartenbild. Dabei können neben bereiften Blütenständen der Vorsaison eine Reihe von Winterblühern ihren Zauber im Garten versprühen. Wer achtsam unterwegs ist und auch Kleines und Zartes zu schätzen weiß, wird erstaunt feststellen, dass in den kalten Monaten mehr blüht als gedacht.

Die Christ- oder Schneerose beispielsweise, die ihre schneeweißen Blüten schon ab Ende November bis in den März hinein zeigt, ist erstaunlich robust und wird gern von den ersten Wildbienen im zeitigen Frühjahr besucht. Von ihrer Blühzeit rund um Weihnachten stammt auch ihr Name. Sie steht seit jeher für Zuversicht und Neuanfang. Dass derart Schönes unter widrigen Bedingungen erblühen kann, vermittelte den Menschen schon immer Hoffnung. Auch heute fasziniert ihre Blüte inmitten von Kälte und Schnee. In halbschattigen Bereichen fühlt sie sich besonders wohl. Gleiches gilt für die Lenzrose, eine enge Verwandte der Christrose. Sie blüht allerdings erst ab Februar.

Dann zeigen sich auch Vorfrühlings-Alpenveilchen, Kleines Schneeglöckchen, Frühlings-Krokus, Winterling und an passendem Standort Huflattich. Ab März und April folgen die Echte Schlüsselblume, die Hohe Schlüsselblume, Buschwindröschen, Küchenschelle, Duftveilchen, Hohler Lerchensporn, Leberblümchen, Immergrüne Schleifenblume, Märzenbecher, Nickender Milchstern, Dolden-Milchstern, Schachbrettblume und Große Sternmiere.

Zu den früh blühenden Gehölzen zählen Hasel, Salweide, Kornelkirsche und Seidelbast. Die Salweide besitzt ähnlich wie die Eiche einen besonders hohen ökologischen Wert. Sie ernährt – neben zahlreichen anderen Insekten – rund 100 Schmetterlingsarten, Raupen wie adulte Tiere. Wer Winter- und Frühblüher genießen möchte, pflanzt im Herbst Zwiebeln oder Knollen. Warum sie so wichtig sind, beleuchtet das folgende Kapitel.

Bei geschickter Pflanzenauswahl sorgen Frühblüher (oben: Küchenschelle, unten: Märzenbecher) schon zeitig im Jahr für zartes Blüh im Garten.

# 54 »Zwiebel- und Knollenpflanzen sind nur Deko.«

*Über den Wert von Frühblühern*

Nach den Wintermonaten kann manchen Gärtner der erste Blick auf Winterlinge oder Krokusse regelrecht verzücken. Stellen Sie sich also die »Begeisterung« von frisch geschlüpften Wildbienen und anderen Insekten vor, die im zeitigen Frühjahr auf Nektar und Pollen angewiesen sind. Für sie sind Frühblüher keine willkommene Deko auf dem Esstisch, sondern eine entscheidende Nahrungsquelle.

Damit Ihr Garten im Frühjahr auch tatsächlich etwas Brauchbares im Angebot hat, darf man die Pflanzung im Herbst nicht übersehen. Wer die Zwiebeln vor dem ersten Frost gruppenweise steckt – Faustregel: mindestens doppelt so tief, wie die Zwiebel groß ist –, wird den ganzen Frühling über mit reicher Blüte und tierischen Besuchern belohnt. Folgende Frühblüher gelten als insektenfreundliche Zwiebel- und Knollengewächse: Anemone, Bärlauch, Blaustern, Buschwindröschen, Dichternarzisse, Krokus, Lerchensporn, Milchstern, Narzisse, Schachbrettblume, Schneeglöckchen, Schnittlauch, Traubenhyazinthe, Winterling, Weinbergtulpe, Wildtulpe.

Zwiebelpflanzen können auch hervorragend bei der Begrünung von Dachflächen eingesetzt werden. Bei Staunässe neigen sie allerdings zum Faulen. Außerdem müssen sie einziehen. Dafür sollten sie mindestens sechs Wochen nach der Blüte Zeit haben, ohne gemäht oder abgeschnitten zu werden. Besonders empfehlenswert ist die Wahl von verwildernden Arten, die mit der Zeit größere Gartenareale erobern.

Achtung: Wie bei den meisten konventionell angebauten Pflanzen kommen auch bei der Zwiebelproduktion jede Menge Kunstdünger und Pestizide zum Einsatz. Um die Zwiebeln vor Pilzbefall zu schützen, werden sie unter anderem umfangreich mit Fungiziden behandelt. Im biologischen Landbau hingegen wird hierauf verzichtet und nur organischer Dünger eingesetzt. Es empfiehlt sich daher trotz des Mehrpreises, auch bei Zwiebeln auf Bioware zurückzugreifen.

Hummelköniginnen, die sich nach der Überwinterungsphase auf die Suche machen, zählen im Frühling zu den ersten Blütenbesuchern.

# 55__»Bäume machen nur Ärger.«

*Ökosystemleistungen von Bäumen*

Viele Stadtgärten sind klein. Und nun soll in den Handtuchgarten laut Bebauungsplan auch noch ein Baum. Das merkt doch keiner, wenn man den weglässt. Am Ende gibt es nur Ärger mit dem Laub und den Nachbarn, und überhaupt … Es kann gut sein, dass kein Behördenhahn danach krähen wird. Die Frage ist, was uns allen ohne Bäume fehlt – und warum jeder Baum zählt.

Bäume verbrauchen bekanntermaßen Kohlendioxid und produzieren Sauerstoff. Auch dass Bäume Schatten spenden, ist keine Überraschung. Weniger bewusst ist den Menschen, dass durch diese Beschattung das Aufheizen von Asphalt und Hausfassaden merklich reduziert wird. An einem Sommertag verdunstet ein einziger großer Laubbaum mehrere hundert Liter Wasser und kühlt damit die Umgebung. Wer bei Hitze einmal aus der Sonne in den Baumschatten getreten ist, hat den gravierenden Unterschied gefühlt. Diese nachweislich reduzierte Umgebungstemperatur wird im Zuge des Klimawandels noch viel bedeutsamer für unser aller Gesundheit sein als bereits jetzt.

Bäume speichern zudem Wasser, das ansonsten unbehindert abfließen würde, und filtern unsere Atemluft. Ihre Kronen dämpfen vor allem im Sommer den Lärm und Schall zwischen den Häusern. Sie werten unsere Umgebung auch optisch auf, verdecken hässliche Fassaden oder lassen Bauwerke noch besser zur Geltung kommen. Bäume verschönern Straßenzüge und beeinflussen unsere mentale Gesundheit nachweislich positiv. Und natürlich sind sie Lebensraum, Nahrungsquelle und Kinderstube für unzählige Wildtiere. So können wir Vogelkonzerte und die akrobatischen Einlagen von Eichhörnchen im jahreszeitlichen Wechsel hautnah verfolgen. Kein Wunder also, dass Menschen sich in der Umgebung von Bäumen Studien zufolge gesünder und glücklicher fühlen.

Es gibt also die besten Gründe, sich Gedanken über die Pflanzung von Bäumen im Garten zu machen und Bestandsbäume zu erhalten.

Krumm, in Teilen oder ganz abgestorben? Solange statisch nichts dagegenspricht, sollte immer der komplette oder auch teilweise Baumerhalt im Vordergrund stehen. Als Habitatbäume bieten auch solche Bäume wertvolle Lebensräume für zahlreiche Organismen.

# 56 »Der treibt wieder aus!«

*Unsachgemäße Baumpflege*

»Meine Leiter ist sechs Meter lang. Höher dürfen auch die Bäume nicht werden!« Dies ist die Begründung eines Rentners dafür, dass er seine Bäume kappt – alle zehn. Ein Einzelfall? Leider nein. Baumsachverständige erleben diesen Irrsinn beinahe täglich in ihrer Arbeitspraxis. Logik und Expertise haben nicht nur im Garten, sondern auch in der kommunalen Baumpflege oft das Nachsehen gegenüber wissenschaftsfernen Glaubenssätzen. Hinzu kommt die Tatsache, dass es für den Beruf des Baumpflegers keine einheitlichen Ausbildungsstandards gibt. Nicht jeder Fachmann ist tatsächlich einer. »Der treibt schon wieder aus!« In vielen Fällen stimmt das – es ist allerdings kein Anzeichen für Vitalität, sondern für massiven Stress.

Dass eine Baumkappung im Prinzip einer Fällung gleichkommt, da sie den Tod auf Raten bedeutet, wird oft verdrängt oder willentlich in Kauf genommen. Die Argumentation lautet in den meisten Fällen: »Das tut dem nix. Der ist doch noch grün! Ich mach das seit Jahren so.«

Manche vom Menschen verkrüppelten Bäume stehen sicher noch Jahre. Sie bilden seitlich neue »Kronen« aus, die zusätzlich zu statischen Problemen führen und unabsehbare Folgekosten mit sich bringen. Das Schicksal eines solchen Baumes ist besiegelt, denn das Eindringen von pilzlichen Erregern durch vom Menschen verursachte Baumverletzungen – egal, ob an Krone, Stamm oder Wurzeln – ist lediglich eine Frage der Zeit. Dann wird es nicht nur richtig teuer, sondern auch gefährlich.

Auch Privatpersonen unterliegen als Baumeigentümer der sogenannten Verkehrssicherungspflicht und haben dafür Sorge zu tragen, dass keine Gefahren für Personen oder Sachen von ihrem Baum ausgehen. Wer nun darin den nächsten Grund sieht, einen Baum ohne fachgutachterlichen Rat zu fällen oder gar nicht erst zu pflanzen, möge gern noch einmal in Kapitel 55 nachlesen, welche Ökosystemleistungen Bäume Tag für Tag erfüllen.

Wenn Bäume schreien könnten … Diese ehemals imposante Trauerweide wird seit einer kompletten Kronenkappung jeden Frühling verstümmelt, um eine »Kopfweide« aus ihr zu machen. Ein völlig sinnfreies und unfachliches Unterfangen.

# 57 »Der packt das schon!«

*Herausforderungen für Stadtbäume*

»Den haut so schnell nichts um!«, mag man denken, wenn man einen groß gewachsenen Baum am Straßenrand stehen sieht. Nur wenige Menschen machen sich bewusst, welche Stressfaktoren das Wachstum und die Lebensdauer von Bäumen im städtischen Raum limitieren. Dabei sind eine ganze Reihe von ihnen – mal wieder – vermeidbar, da menschengemacht.

Platzmangel für die Wurzeln, kaum unversiegelte Flächen für die Aufnahme von Regenwasser, Schadstoffe – so ein Stadtbaum hat es schwer. Den Hund gedankenlos an Bäume pinkeln lassen? Hundeurin verätzt den Stamm. Dazu kommt jede Menge Streusalz, das in seiner negativen Wirkung auf Pflanzen immer noch unterschätzt wird. Es verändert das Bodengefüge und beeinträchtigt die Aufnahme beziehungsweise Verfügbarkeit von Wasser und Sauerstoff für die Pflanzenwurzeln (nicht nur von Bäumen). So kann es zu Austrocknung kommen. Zudem stört Natriumchlorid die Stoffwechselvorgänge und den Nährstoffhaushalt, was zusammen mit Trockenstress der vergangenen Jahre den Organismus der Bäume erheblich schwächt. Dadurch, dass die Salze gelöst in Boden und Blättern erhalten bleiben, entsteht ein folgenschwerer Kreislauf. Verzichten Sie daher unbedingt auch im eigenen Grundstück auf Wegen und Einfahrten auf Antausalze.

Bei Bauarbeiten aller Art werden fast immer Wurzeln beschädigt. Nur in den seltensten Fällen werden Baumsachverständige und entsprechendes Gerät wie Saugbagger hinzugezogen. Nach Beendigung der Baustelle sieht niemand mehr, was unterirdisch schiefgelaufen ist: massive Wurzelschäden, die einerseits die Standfestigkeit des Baumes beeinträchtigen und zudem Eintrittspforte für pilzliche Erreger sind.

Verdichtete Böden durch Parken auf unbefestigtem Erdreich, Lagerung von schwerem Material im Wurzelbereich, Schäden an Stammfuß oder Rinde und unsachgemäßer Baumschnitt: Es ist noch sehr viel Luft nach oben, was die Wertschätzung von Bäumen angeht.

Große, gesunde Bäume sind in vielen Städten und Gemeinden inzwischen Mangelware.

# 58 »Aber wir pflanzen ja Bäume nach!«

*Fragwürdige Rechnungen*

»Wir ersetzen doch jeden Baum durch zwei neue!« Gemeinden lieben diesen Satz, wenn es um Fällungen geht. Auch Gartenbesitzer übernehmen ihn. Er klingt so pflichtbewusst und nachhaltig. Allerdings nur im ersten Moment.

Wer eine vermeidbare Baumfällung durch Neupflanzungen kompensiert sieht, verkennt: bis ein Baum die Fülle seiner Ökosystemleistungen erbringen kann, verstreichen Jahrzehnte. Selbst wenn man für die gefällte 200 Jahre alte Eiche 20 neue Bäume pflanzt: Sie brauchen Zeit, um zu wachsen! Außerdem werden sie künftig zunehmend widrigeren Bedingungen für ihr Wachstum ausgesetzt sein, die ein solches Alter immer fragwürdiger werden lassen. Sachgerechte Baumpflege ist essenziell. Doch sie kostet Geld. In fast jedem Ort ist live zu sehen: Wer seine Jungbäume nicht hegt und pflegt – etwa durch Stammschutz, Wässerung, Schutz auf Baustellen –, wird die Mehrzahl schon in den ersten Jahren verlieren und weitere Kosten verursachen.

Wird auf einem Grundstück neu gebaut, sind Fällungen eher Standard denn Ausnahme. Schließlich ist man viel flexibler, wenn man Tabula rasa macht. An Bäumen entzündet sich auch so mancher Nachbarschaftsstreit, der mitunter sogar die Gerichte beschäftigt. Wenn das Laub stört, der Baum zu hoch wird, der Schattenwurf zu mächtig, Fallobst lästig oder das geparkte Auto im Sommer wegen der Lausabsonderungen klebt, dann ist für viele Menschen klar: »Der Baum muss weg!«

Bäume werden groß. Diese simple Erkenntnis wird bei der Pflanzung in Gärten vielfach nicht bedacht. Es macht also wenig Sinn, sich in einen Handtuchgarten eine Linde zu pflanzen, die mehrere hundert Jahre alt werden kann. Aber: Vorhandene Bäume genießen in vielen Fällen Bestandsschutz. Nur weil der Schatten eines Baumes plötzlich nervt oder die Krone näher an das Haus heranreicht als ursprünglich gedacht, kann ein Baum nicht einfach gefällt oder unfachlich zurückgeschnitten werden.

Einen Baum an der Grundstücksgrenze kann man sich auch mit dem Nachbarn teilen. So profitieren beide Parteien, und der Baum darf bleiben.

# 59 »Efeu würgt Bäume.«

*Hassliebe zum Kletterkünstler*

Efeu kann ganze Gartenareale zuwuchern und hat – obwohl immergrün und winterhart – ein mieses Image. Was ist dran an seinem Ruf als ausbreitungs- und kletterfreudiger Dieb, der Bäumen die Lebensgrundlage nimmt?

Im Spätherbst geht's am Efeu rund: Wildbienen, Schmetterlinge, Schwebfliegen, Solitärwespen – für Insekten und insektenfressende Vögel ist er ein Paradies. Im Frühjahr profitieren beerenfressende Vogelarten wie Amseln oder Mönchsgrasmücken. Für zahlreiche Singvögel bietet Efeu zudem optimale Brutmöglichkeiten. Aber ist er tatsächlich ein parasitierender Baumschädling? Während es für Waldbäume Studien gibt, existieren für Stadtbäume lediglich Erfahrungswerte. Doch anders als etwa im Wald dominieren hier Haftungsfragen.

Alten, gesunden Bäumen mit ausladender Krone schadet Efeu nicht, da er weder die Krone überwuchert noch die Photosynthese behindert. Bei Jungbäumen und gestressten Bäumen, wie wir sie im Siedlungsbereich häufig finden, ergeben sich jedoch mitunter Probleme für die Statik des Baumes und eine Konkurrenz um Licht. Außerdem verhindert Efeubewuchs eine adäquate Baumkontrolle, da zum Beispiel Pilzbefall oder Risse im Baum kaum beurteilt werden können.

Efeu entzieht gesunden Bäumen weder Nährstoffe noch Wasser. Die Haftwurzeln an der Baumrinde dienen lediglich als Kletterhilfe und dringen nicht in die Leitungsbahnen des gesunden Baumes ein. Efeu versorgt sich über Bodenwurzeln, die aber ebenfalls nicht in Konkurrenz zu den Baumwurzeln stehen. Eine einschnürende Wirkung ist nicht durch Studien belegt. Efeu kann sogar als Sonnen- und Kälteschutz für den Baum dienen. Gleichzeitig begünstigt er bei vorgeschädigter Rinde durch das entstehende Mikroklima aber auch den Pilzbefall des Baumes. Es muss daher immer differenziert werden: Wo wächst der Efeu, wie sind die Bedingungen? Im Wald gelten andere gesetzliche Ansprüche an die Verkehrssicherungspflicht eines Baumes als im Garten oder öffentlichen Raum.

Efeu blüht und fruchtet erst in seiner Altersform nach rund zehn Jahren und kann ein Alter von 400 bis 500 Jahren erreichen. Für den Garten oder Balkon empfiehlt sich in den meisten Fällen nicht kletternder Strauch-Efeu.

# 60__»Schmetterlingsflieder ist der Hit!«

*Ein streitbares Gehölz*

Während Anhänger ihn für seine Anspruchslosigkeit, Schnellwüchsigkeit, die üppige und lange Blüte und seine Anziehungskraft auf Schmetterlinge lieben, halten die anderen ihn für eine ökologische Katastrophe. Doch warum spaltet Sommerflieder die Gemüter so massiv?

Man begegnet *Buddleja davidii* in jedem zweiten Garten, in jedem Gartencenter – und auch an Bahnstrecken und Autobahnen. Und genau darin liegt das Hauptproblem dieses aus China stammenden Ziergehölzes: Schmetterlingsflieder (auch Sommerflieder) ist in puncto Ausbreitungsfreude in freier Natur unschlagbar. Seine pro Strauch bis zu drei Millionen Samen werden über weite Strecken getragen und können im Boden viele Jahre keimfähig bleiben. Er gilt damit als invasiver Neophyt, was die Schweizer Behörden dazu veranlasste, seinen Verkauf ab 1. September 2024 zu verbieten. In Deutschland ist dies nicht zu erwarten, hier setzt man auf Eigenverantwortung und Selbstbeschränkung des Handels, welcher allerdings am Schmetterlingsflieder kräftig verdient.

Schmetterlingsflieder zieht Tag- und auch Nachtfalter an. Doch stimmt die Behauptung, er würde diese »betrunken« machen? Wissenschaftlich ist derlei nicht belegt, Untersuchungen liefern auch keinerlei Anhaltspunkte hierzu. In einer Salzburger Studie wurde hingegen nachgewiesen, dass die Attraktivität des Sommerflieders für Schmetterlinge weniger durch optische Reize als vielmehr durch Geruchsstoffe bedingt ist, insgesamt ganze 31 an der Zahl. Als Futterpflanze ist er für Insekten und Schmetterlingsraupen allerdings reichlich unattraktiv.

Wer bereits einen Schmetterlingsflieder im Garten hat, sollte ihn nach der Blüte unbedingt vor der Samenbildung zuschneiden. Um sicherzugehen, dass sich keine Samen verbreiten, empfiehlt sich die Entsorgung von Pflanzenbestandteilen im Restmüll.

Wer über die Pflanzung von Schmetterlingsflieder nachdenkt, sollte in Anbetracht seiner starken Verbreitungsfreudigkeit heimische Gehölz-Alternativen in Betracht ziehen, etwa Gewöhnlichen Schneeball.

# 61 »Alle Stauden sind winterhart.«

*Frostempfindliche Kandidaten*

Wenn man im Sommer durch Baumarkt und Gartencenter streift, entscheidet meistens die Optik über den Kauf. Wer liest schon das Kleingedruckte auf dem Schildchen, wenn ein Prachtexemplar ganz lauthals signalisiert: »Nimm mich mit!« Spätestens im Herbst stellt sich nach dem ersten Nachtfrost die Frage: Ist das schöne Blüh überhaupt unseren hiesigen Wintern gewachsen? Und wenn nein, was mach ich jetzt damit?

Wer Dahlien, Schmucklilien, Bartfaden-Arten oder Buntnesseln im Garten hat, weiß: Nicht alle Stauden sind zuverlässig winterhart. Während für manche Pflanzen eine Abdeckung als Winterschutz ausreicht, ist es bei anderen ratsam, sie im Haus zu überwintern. Staudengärtnereien empfehlen daher zur Reduzierung des Buddelaufwandes, entsprechende Pflanzen in Trögen und Kübeln zu kultivieren, die bei sinkenden Temperaturen ins Winterquartier gebracht werden können. Doch nicht jeder hat entsprechende Räumlichkeiten zur Verfügung, und wer hat schon Lust, seine Kübel teuer von Dienstleistern überwintern zu lassen?

Es bleiben dann zwei Möglichkeiten: Es darauf ankommen zu lassen, dass man im nächsten Frühjahr wieder neu einkauft, was teuer und nicht nachhaltig ist, oder sich beim nächsten Mal vorab schlauzumachen, welche Pflanzen die hierzulande typischen Wintertemperaturen aushalten. Ein Blick in die Liste an potenziellen Stauden zeigt: In Mitteleuropa heimische Pflanzen sind bestens an unsere winterlichen Temperaturen angepasst. In der Natur kommt niemand mit Vlies und Co. um die Ecke. Sie benötigen in Töpfen keinen speziellen Frostschutz und können getrost draußen »vergessen« werden, solange sie auch im Winter ab und an Feuchtigkeit abbekommen. Diese Eigenschaft macht sie ideal für zeitbewusstes und nachhaltiges Gärtnern.

Setzen Sie beim nächsten Pflanzenkauf auf winterharte, heimische Bepflanzung. Dies erspart ganzjährig eine Menge Zeit und Geld.

Schön, aber ein Überwinterungsfall: Dahlien (oben) und Schmucklilien (unten).

# 62__»Es müssen ADR-Rosen her!«

*Über die Schönheit der Wilden*

Seit Jahrtausenden kultiviert, galt sie schon in der griechischen Antike als »Königin der Blumen«: die Rose. Die Bandbreite an Rosen ist riesig und wächst stetig um neue Züchtungen. Da erscheint ein Gütesiegel wie das jährlich verliehene ADR-Siegel als sinnvolles Auswahlkriterium. Aber gibt es nicht auch pflegeleichte, langblühende und anspruchslose Rosen für das menschliche Auge und die heimische Tierwelt?

Gibt es! Grundsätzlich werden züchterisch veränderte Kulturrosen – dazu zählen übrigens auch historische Rosen – und Wildrosen, die sich ohne Zutun des Menschen entwickelt haben, unterschieden. Letztere gelten als äußerst robust, intensiv duftend und gedeihen häufig auch an schattigeren Plätzen. Sie haben immer ungefüllte Blüten, zahlreiche Staubblätter und bilden fleischige Hagebutten. Es existieren allerdings auch sogenannte naturnahe Gartenrosen, die länger blühen als Wildrosen und ebenfalls fruchten.

Wildrosen besitzen ebenso wie naturnahe Gartenrosen ökologischen Wert für zahlreiche Wildtiere. Die Hagebutten bieten in der kalten Jahreszeit nicht nur dekorativen Winterschmuck, sondern natürliches Futter. Dicht verzweigt und bedornt, dienen die Pflanzen Singvögeln als sicheres Brutgehölz. Gestalterisch lassen sie sich äußerst vielfältig einsetzen. Ob als Solitär, in Form einer niedrigen oder (platzintensiveren) hohen Hecke, als Kletterpflanze oder im Kübel auf Terrasse und Balkon: Entscheidend ist die Auswahl der passenden Rose. Manche Wildrose – etwa Bibernell- oder Zimtrose – neigt dazu, im Boden Ausläufer zu bilden.

Wildrosensträucher benötigen kaum Pflege. Es reicht, abgestorbene Äste auszulichten. Verkahlte Exemplare vertragen sogar einen radikalen Rückschnitt, das sogenannte »auf Stock setzen«, bei dem man sie etwa 30 bis 50 Zentimeter über dem Boden einkürzt. Wichtig ist, bei der Pflanzung auf »wurzelechte« Gehölze zu achten, um keine wuchernde Überraschung zu erleben.

Im Einklang zwischen Ökologie und Ästhetik lassen sich mit Rosen wunderschöne Gartenakzente gestalten.

# 63__»Moos ruiniert den Garten.«

*Gegen jedes Pflänzchen ein Mittelchen*

Jedes Jahr empfiehlt die Rasenfraktion im Frühjahr die »Bekämpfung« von Moos und das »Eruieren der Ursachen des Befalls«. Ganz so, als wäre Moos eine Krankheit, macht man den Menschen weis, dass ihr Rasen durch das Moos ruiniert, rutschig, unbegehbar und ihre Grünfläche nicht mehr nutzbar würde. Die Tipps reichen von mechanischer Entfernung durch Vertikutieren über Düngung und Entfernung von Schattenquellen bis hin zur Besandung, Bekalkung, Neuansaat und sogar zum Einsatz von Gift. Dieses wird selbstverständlich nicht als solches bezeichnet. »Eisenbehandlung« klingt in der Tat viel harmloser, denn Eisen macht uns doch nichts, das ist ja schließlich überall, nicht wahr?

Wer mit viel Düngereinsatz, Mähaufwand und Bewässerung für seinen grünen Teppich gearbeitet hat, der will sich nicht reinpfuschen lassen. Baumarkt oder Gartencenter bieten wie immer das passende Mittelchen gegen etwas – in diesem Fall gegen grüne Polster zwischen fein säuberlich getrimmten Grashalmen. Häufig wird Eisendünger empfohlen. Doch wie bei vielen Wirkstoffen fließt auch hier selten in die Beratung ein, welche Gefahren von ihrem Einsatz ausgehen.

Der Wirkstoff Eisen(II)-sulfat gilt als giftiges Pflanzenschutzmittel. Ein vorschriftsmäßiges Hantieren damit erfordert säurebeständige Schutzhandschuhe, einen Schutzanzug, Brille, Gesichtsmaske und Atemschutz gegen die ätzende Schwefelsäure, die mitunter freigesetzt wird. Ob man derlei wirklich im eigenen Garten, in dem sich Menschen – darunter Kinder –, Haus- und Wildtiere aufhalten, einsetzen will, muss jeder selbst entscheiden. Das so behandelte Moos muss in jedem Fall im Anschluss als Sondermüll (!) entsorgt werden.

Die meisten Menschen setzen daher auf den Vertikutierer und säen fleißig Rasen in die entstandenen Lücken. Dabei sind Moose nicht nur schön und faszinierend, sondern ökologisch äußerst wertvoll.

Moose gibt es bereits seit über 400 Millionen Jahren. Weltweit existieren geschätzt 16.000 Moosarten – von den Tropen bis zur Antarktis.

# 64 »Moos braucht doch kein Mensch!«

*Warum Moose unverzichtbar sind*

Rasen hat eine Lobby, die Geld mit dem Erhalt von Rasenflächen verdient. Moos nicht. Schade, denn Moose sind nicht nur außerordentlich schön und vielfältig, sie haben, wie alles in der Natur, wichtige ökologische Funktionen. Das rückt sie seit Neuestem auch in den Fokus von Städteplanern.

Moose nehmen über ihre enorm große Oberfläche Wasser auf und geben es langsam an die Bodenwelt und auch an die Luft ab. Torfmoose können bis zum 30-Fachen des eigenen Trockengewichts an Wasser speichern. Diese Schwamm- und Wasserspeicherfunktion kommt nicht nur Bäumen, Pilzen, Farnen und Tieren zugute, sondern natürlich auch uns Menschen, etwa bei Starkregen oder Überflutungen. Besonders Torfmoose gelten zudem als gigantische $CO_2$-Speicher.

Moose verbessern die Wasserqualität. Sie machen Wasser nicht nur weicher, sie können es sogar entgiften, indem sie Schwermetalle, Arsen oder Radionuklide binden. Sie regulieren zudem das Mikroklima, indem sie das gespeicherte und gereinigte Wasser langsam wieder durch Verdunstung abgeben und so die Umgebung kühlen.

Moose verbessern die Luftqualität. Sie binden Feinstaub, weshalb in Großstädten schon versuchsweise Mooswände installiert wurden. Allerdings waren die Erwartungen angesichts von extremen Standorten und starker Verschmutzung teilweise zu hoch. Während manche Moose sehr empfindlich auf Luftverschmutzung reagieren und damit als Zeigerpflanzen für Umweltbedingungen dienen, sind andere an diese Situation angepasst. Moose sind wichtige Akteure im Stoffkreislauf und schützen vor Erosion. Sie bieten Lebensraum für Tiere im makro- und mikroskopischen Bereich. Vögeln liefern sie zudem wertvolles Polstermaterial für ihre Nester. Moose bevorzugen feuchte Gebiete, da sie zur Befruchtung Wasser benötigen. Sie kommen auch mit extremen Bedingungen auf nackten Felsen, Dächern oder an Baumrinde zurecht.

Für ihr Überleben haben Moose ausgeklügelte Strategien entwickelt. Sie können zum Beispiel fast austrocknen, ohne abzusterben, und enorme Mengen an Wasser speichern.

# 65 »Giersch musst du ausrotten!«

*Aus dem Leben einer Hasspflanze*

Giersch zählt zweifellos zu den am meisten geschmähten Pflanzen. Gartenbesitzer empfinden ihn als lästiges Unkraut, das man auf keinen Fall die Oberhand gewinnen lassen darf. Seine unterirdischen Rhizome und seine ausbreitungsfreudige Natur erschweren es, ihn im Zaum zu halten. Was also tun? Kampf dem Giersch?

Natürlich lässt sich Giersch mit Ausdauer und einer Grabgabel immer wieder per Hand eindämmen. Dabei muss möglichst viel des unterirdischen Rhizoms entfernt werden. Wirklich lückenlos gelingt dies kaum. Das verleitet den ein oder anderen Gärtner dazu, härtere Geschütze aufzufahren. Lange Folienabdeckung hungert den Giersch auf Dauer aus, indem ihm Licht, Sauerstoff und Wasser entzogen werden. Allerdings schadet dies auch dem Bodenleben. Eine weitere Möglichkeit wäre, dem Giersch wuchsstarke Pflanzpartner wie Storchschnabel an die Seite zu setzen. Manchmal wird auch empfohlen, ihn zu schwächen, indem man ihn beständig mäht. Im Beet ist diese Lösung allerdings wenig praktikabel, denn meistens gedeiht er zwischen anderen Pflanzen.

Die deutlich friedlichere und für alle Gartenmitbewohner schonendere Lösung ist der Verzehr. Ob zur Verfeinerung einer Bowle, gekocht wie Spinat, als Pesto, Petersilienersatz, Salatbeilage, als Tee bei Blasenreizung oder Auflage bei Mückenstichen: Junger Giersch gilt Kennern als wohlschmeckendes, mineralstoffreiches Wildgemüse und Heilpflanze. Früher wurde er gegen Gicht und Rheuma eingesetzt.

Sicher identifizieren lässt Giersch sich mit der »Drei-mal-drei-Regel«: Die Blätter sind in drei Dreiergruppen angeordnet, die Stängel sind dreikantig. Dies ist insofern wichtig, als man diesen Doldenblütler theoretisch mit giftigen Pflanzen wie dem Kälberkopf, der Hundspetersilie, jungen Holundertrieben oder dem Gefleckten Schierling verwechseln kann. Fest steht: Wer nicht völlig vom Giersch überrannt werden will, muss aktiv werden. Aber bitte giftfrei!

Wer mit Giersch seinen Frieden schließt und ihn vielleicht sogar als Wildgemüse oder Heilpflanze verwertet, lebt deutlich entspannter. Die Blüten werden von zahlreichen Insekten besucht.

# 66 »Flechten muss man abbürsten.«

*Über faszinierendes Leben*

Sie wachsen auf Pflaster und Mauern, an Zäunen, Pflanzgefäßen und Baumrinden. Als Schönheitsmakel identifiziert, rückt man ihnen mit dem Hochdruckreiniger oder – oldschool – mit der Wurzelbürste zu Leibe. Doch was genau wissen wir eigentlich über diese komischen Flecken, die in Weiß, Grau, Braun, Schwarz, Blassgrün, Gelb, Orange oder Rot daherkommen und unseren Ordnungssinn einmal mehr herausfordern? Sind sie an Baumrinden vielleicht sogar schädlich?

Flechten haben keine Wurzeln und entziehen als baumbewohnende Art einem lebenden Baum daher auch keine Nährstoffe. Diese bekommen sie einzig aus feinsten Staub- und Verwitterungsteilchen, aus Regen, Nebel beziehungsweise Dampf oder abfließendem Wasser. Damit zählen sie definitiv nicht zu den Schmarotzern.

Flechten sind symbiotische – also zum beiderseitigen Nutzen bestehende – Lebensgemeinschaften zwischen einem oder mehreren Pilzen und einem oder mehreren Partnern, die Photosynthese betreiben können. Meist handelt es sich um Grünalgen oder Cyanobakterien, die Licht in organische Substanz umwandeln. Flechten werden also nicht den Pflanzen, sondern den Pilzen zugerechnet und immer nach dem Pilz benannt, der die Flechte bildet. Er gibt der Flechte meist auch Form und Struktur. Während der Pilz Nahrung von seinem Partnerorganismus erhält, schützt er diesen zum Beispiel vor starker Sonneneinstrahlung.

Flechten wachsen sehr langsam und an den unwirtlichsten Stellen. Sie können ein vierstelliges Alter erreichen und haben nur dort eine Chance, wo sie nicht durch Moose oder Blühpflanzen überwuchert werden. In Deutschland sind etwa 2.000 der weltweit geschätzten 25.000 Flechtenarten beheimatet. Flechten gelten als Bioindikatoren. Sie reagieren sensibel auf Luftverschmutzung, etwa auf Schwefeldioxid, und lassen daher Rückschlüsse auf die Luftbelastung zu. Mehr als die Hälfte der heimischen Flechten gelten als gefährdet.

Flechten werden häufig als unattraktive Verwitterungserscheinung oder gar Baumschädlinge wahrgenommen, die es zu beseitigen gilt. Nichts davon entspricht den Tatsachen. Flechten sind wahre Pioniere an Extremstandorten – mit wichtiger ökologischer Funktion.

# 67 »Die Natur sorgt selbst für die Tiere.«

*Mit natürlichem Vorbild maximal unterstützen*

Einmal sagte ein Gartenbesitzer zu mir: »Tiere? Bei mir lebt gar nichts, worauf ich Rücksicht nehmen müsste.« Ich war baff ob dieser Behauptung. Nur weil wir die Tiere in unserem Garten nicht sehen, bedeutet das nicht, dass sie nicht da sind: in der Hecke, im Boden, an Pflanzen. Die weitaus häufigere Aussage in Bezug auf das Schicksal von Wildtieren in unseren Gärten ist aber: »So ist eben die Natur!« Interessant, dass »die Natur« das regelt, wenn der Igel im Zaun stecken bleibt oder »Roundup« alles plattmacht, aber die tote Brut im Meisenkasten der (völlig unauffälligen) Witterung der vergangenen Wochen angelastet wird.

Eigentlich würde die Natur selbst für ihre Tiere sorgen – in gesunden, intakten Ökosystemen würden sich stabile Populationen einstellen. Alles bliebe langfristig gesehen durch Regulationsprozesse im Gleichgewicht. Arten verschwinden, neue Arten entstehen. So funktioniert Evolution – über unendlich lange Zeiträume. Die menschengemachten Veränderungen sind hingegen so tiefgreifend, dass viele Ökosysteme vor dem Kollaps stehen – erdgeschichtlich gesehen innerhalb eines Wimpernschlags. Auf Bestände von Tier- oder Pflanzenarten haben wir im Garten selbstverständlich keinen Einfluss. Das mag frustrieren und gleichzeitig entlasten. Aber: Kann die Natur bei uns für Tiere sorgen?

Im Garten herrschen zwar stets künstliche Bedingungen, weil wir pflanzen, arrangieren, wegräumen oder belassen. Unberührte Natur kann und wird es hier also nicht geben. Gleichzeitig bietet sich uns aber die Chance, ein überschaubares Stück Land in einem sehr begrenzten Zeitrahmen für möglichst viele Wildtiere – wohlgemerkt Individuen oder kleine Populationen – attraktiv zu gestalten. Schließlich schätzt jeder von uns eine möglichst lebensförderliche Umgebung. Und manchmal freuen auch wir uns schon, wenn man uns das Leben wenigstens nicht schwerer macht als nötig.

Der Kleiber kann kopfüber klettern. Seine Bestände werden noch nicht als gefährdet eingestuft, sein Vorkommen ist allerdings an alte Laubbaumvorkommen geknüpft.

# 68 »Bienen machen Honig.«

*Ein leeres Honigbrot*

Trotz vermehrter Aufmerksamkeit – auch in der Presse – ist unser Bild von Bienen immer noch durch die Honigbiene geprägt. Lesen und hören wir von Bienen oder dem Bienensterben, dann taucht vor unserem geistigen Auge die fleißige Maja auf. Oder der Imker mit seinen Bienenstöcken inklusive Honigbrot.

Und genau hier wird der Irrtum offensichtlich: Honigbienen sind Nutztiere. Vom Menschen gezüchtet und betreut, für eine Dienstleistung – die Honigproduktion – gehalten. Doch sie bestimmen unsere Vorstellung von den Bienen immer noch so sehr, dass viele völlig verwundert sind, wenn sie erfahren, dass es allein in Deutschland weit über 500 und weltweit geschätzt 20.000 Arten von »anderen Bienen« gibt, wie Dr. Paul Westrich die Wildbienen bezeichnet.

Wer sich näher mit ihnen beschäftigt, ist selbst als Laie fasziniert von ihrer Vielfalt. Mit einer Spanne von drei bis 30 Millimetern liegen zwischen der kleinsten (Sand-Steppenbiene) und der größten Wildbiene (Blauschwarze Holzbiene) Deutschlands allein größentechnisch Welten.

Wildbienen, zu denen übrigens auch die vergleichsweise beliebten Hummeln gehören, genießen inzwischen durch ihre Bestäuberleistung besondere Aufmerksamkeit. Allerdings sollten wir darüber nicht vergessen, dass viele andere Insektenarten ebenfalls wichtige Bestäuber sind und eine geringere Bestäuberleistung sie nicht minder bedeutungsvoll im großen Gefüge des Lebensnetzwerks macht. Alles hängt mit allem zusammen. Wildbienen sind ein kleiner, aber gut beobachtbarer Teil dieser unvorstellbar vielfältigen Klasse der Insekten.

Selbstverständlich lässt sich auch mit Wildbienen Geld machen. So kann man tatsächlich Mauerbienenkokons im Netz erwerben. Dass dies nichts mit Naturliebe oder Artenschutz zu tun hat, sollte jedem klar sein. Die Mauerbiene und ihre Verwandten finden auch so in unsere Gärten. Alles, was es dafür braucht, sind heimische Wildpflanzen und ein strukturreicher Garten.

Wildbienen unterscheiden sich in Größe, Gestalt und Lebensweise teils erheblich. Die Blattschneiderbiene (unten) ist auch für Laien gut identifizierbar. Wer Angst vor einem Stich hat, kann beruhigt sein: Wildbienen sind bis auf wenige Ausnahmen völlig friedfertig. Sie stechen nur in Bedrängnis.

# 69 »Insektenhotel? Super Sache!«

*Über das Geschäft mit Schrott*

Gehören Sie auch zu den Hoteliers? Privatgärtner, Gemeinden, Firmen und sonstige Einrichtungen stellen inzwischen »Insektenhotels« bereit. Aber sind diese vorgefertigten oder selbst gezimmerten Insektenbehausungen tatsächlich sinnvoll?

Meistens leider nicht. Es beginnt schon mit der irreführenden Bezeichnung, die nichts anderes als ein Marketinggag ist. Kein Insekt nistet wie im Hotel für ein paar Tage. Wer Wildbienen Nistmöglichkeiten zur Verfügung stellen möchte – und an sie richten sich die meisten Angebote –, sollte bedenken, dass die Brut die Nisthilfe ein ganzes Jahr, manchmal sogar zwei belegen wird, sofern sie den Ansprüchen der jeweiligen Art gerecht wird.

Doch was sind die häufigsten Fehler im Aufbau dieser Nisthilfen? Ohrenkneifer oder Florfliege in eine Nisthilfe für Wildbienen zu locken ist kontraproduktiv. Statt All-in-one-Lösungen sollten separate und sinnvolle Strukturen zur Verfügung stehen. Ausgefranste Röhrchen oder Bohrungen verletzen die empfindlichen Flügel von Wildbienen. Mangelhafte Verarbeitung kann also ein Todesurteil sein. Zapfen oder gängige Lochziegelsteine sind eine komplett sinnfreie Bestückung. Gleiches gilt für verpilzungsfördernde Acrylglasröhrchen oder solche aus Pappe. Harthölzer sind immer besser als Weichhölzer. Steilwände aus Lehm oder Ton dürfen nicht zu hart sein. Meist findet man überdimensionierte und falsche Bohrungen ins Stirn- (also in die Jahresringe) statt ins Längsholz. Die Mindesttiefe potenzieller Brutgänge von acht bis zehn Zentimetern sollte gegeben sein. Gänge mit einem zu großen Durchmesser jenseits der zehn Millimeter werden nicht besiedelt.

Wildbienen-Nisthilfen dienen vor allen Dingen didaktisch-pädagogischen Zwecken und nicht dem Artenschutz! An ihnen kann man hautnah faszinierende Beobachtungen friedlicher Hautflügler durchführen und Kinder wie Erwachsene für Insekten begeistern.

Dieses »Wildbienenhotel« ist völlig wertlos. Doch auch die besten Nisthilfen können nur von einem kleinen Artenspektrum genutzt werden, da rund drei Viertel der nestbauenden Wildbienen im Boden nisten. Entscheidend sind am Ende strukturreiche, vielfältige Gärten.

# 70__»Weg mit den Läusen!«

*Wenn Menschen Panik kriegen I*

Die meisten Gärtner werden unruhig, sobald sie im Frühjahr die ersten Läuse an Obstbäumen, Sträuchern und Stauden entdecken. Und sie fallen häufig jedes Jahr erneut auf den ersten Impuls herein: »Da muss man doch was machen! Das kann man doch nicht lassen!« Die Empfehlungen zur Vernichtung von Blattläusen reichen vom Abwischen über das Absprühen mit einem scharfen Wasserstrahl und den Einsatz von Schmierseifenlauge bis hin zur Anwendung der Chemiekeule. »Nehmen Sie den Blattlausbefall nicht auf die leichte Schulter!«, liest man da. Das verunsichert. Böse Blattlaus? Schädling?

Läuse sind ein gutes Beispiel dafür, wie sich Eingriffe im Garten auswirken können. Wer Blattläuse vernichtet, denkt an seine Pflanzen. In aller Regel ist die Panik vor Schädigung der Pflanzen jedoch völlig unbegründet. Viele von ihnen kommen mit einem moderaten Befall sehr gut und ohne bleibende Schäden zurecht. Standortgerechte und robuste Pflanzensorten zu wählen macht also auch aus diesem Grund Sinn.

Im naturnahen Garten reguliert sich das System von allein – wenn man sich einfach für kurze Zeit entspannt. Marienkäfer und ihre Larven, Florfliegen, Ohrkneifer, Schwebfliegen und Vögel: Sie alle brauchen Blattläuse und erledigen ihren Job ganz wunderbar ohne uns. Vernichtet man die Blattläuse, fehlt diesen Tieren eine wichtige Nahrungsgrundlage. So wird es im darauffolgenden Jahr weniger von all diesen Gegenspielern geben – und damit noch mehr Läuse. Dann stehen Sie wieder vor Ihrem Problem, das sich eigentlich in den meisten Fällen von selbst bereinigen würde – besser, effektiver, ökologischer.

Ganz generell empfiehlt sich, in das höchst komplexe und für uns Menschen nur ansatzweise durchschaubare Gefüge möglichst wenig einzugreifen. Wer weniger Läuse haben möchte, schafft besser Lebensräume und gibt den Gegenspielern ein wenig Zeit, um auf die Blattläuse zu reagieren.

Nach der Paarung legen Marienkäferweibchen ihre Eier häufig in der Nähe von Blattlauskolonien ab. Die Marienkäferlarven durchlaufen mehrere Häutungen und vertilgen viele tausend Blattläuse, ehe sie sich verpuppen und die Metamorphose zum fertigen Käfer vollziehen.

# 71 »Käfer fressen alles kahl.«

*Wenn Menschen Panik kriegen II*

Fraßspuren an Pflanzen. Die Schnecken können es nicht gewesen sein, denn ihnen ist man schon anderweitig zu Leibe gerückt. Waren es vielleicht Käfer? Die fressen schließlich auch alles kahl, oder? Außer vielleicht der putzige Marienkäfer …

Die größte Gruppe innerhalb des Tierreichs unterscheidet sich in Lebens- und Ernährungsweise von Art zu Art erheblich. Der Dickmaulrüssler samt seiner Verwandtschaft beispielsweise kann durchaus Schaden anrichten. Diese Tiere lieben neben Bergenien, Kirschlorbeer, Rhododendren, Hortensien, Rosengewächsen und Beerensträuchern auch allerlei andere Pflanzen. Dabei fressen die adulten Käfer oberirdisch, während sich die Larven an den unterirdischen Teilen der Pflanzen gütlich tun. In Gartenforen wird fleißig diskutiert, ob man dem Dickmaulrüssler am besten mit Produkten aus den Samen des indischen Neembaums, Nematoden (Fadenwürmern), Knoblauchjauche oder Absammeln beikommt.

Eine nachhaltige Variante im Umgang mit dem Dickmaulrüssler wäre, seine Gegenspieler in den Garten zu locken: Igel, Eidechse, Maulwurf, Spitzmaus und Erdkröte sind hier allen voran zu nennen. Zudem ist es ratsam, auf die Abwehrkräfte heimischer Pflanzen zu setzen: Tatsächlich erledigt sich der Befall in manchem Garten von ganz allein, wenn robuste heimische Stauden und Gehölze einziehen und damit allgemein die Vielfalt an Wildtieren zunimmt.

Wer keinen Garten hat, kommt dennoch in keinem Frühling am Panik-Käfer Nummer zwei, dem Schwarzblauen Ölkäfer, vorbei. Als giftigster Käfer Deutschlands schwappt er durch die Medien. Doch Hand aufs Herz: Essen Ihre Kinder – sofern älter als drei Jahre – Käfer? Dem Nachwuchs den richtigen Umgang mit der Natur beizubringen gehört zu den wichtigsten Aufgaben von Erziehenden. Mediale Panikmache ist unseriöser Journalismus, trägt nicht zu einem gesunden Umgang mit Gefahren bei und zeigt eher, wie naturfern wir Menschen inzwischen leben. Apps zur Käferbestimmung laden dazu ein, mehr über diese faszinierenden Insekten zu erfahren.

Käfer (Foto: Kleiner Leinkraut-Blattkäfer) stellen weltweit die größte Ordnung aus der Klasse der Insekten und die größte Tiergruppe auf unserem Planeten dar. Die meiste Zeit ihres Lebens verbringen Käfer im Larvenstadium.

## 72 »Ameisen musst du mit Backpulver bekämpfen.«

*Über systemrelevante Winzigkeiten*

Ameisen sind wenig beliebt, gelten vielfach zu Unrecht als Schädlinge oder zumindest als Lästlinge. Wenn überhaupt, tauscht man sich über sie bezüglich Bekämpfungs- oder Vertreibungsmöglichkeiten aus.

Von den 116 verschiedenen Ameisenarten in Deutschland kommen im Garten vor allem die Schwarze Wegameise, auch als Gartenameise bezeichnet, und die Gelbe Wegameise vor. Erstere nistet vorzugsweise unter losen Trittplatten, in Mauerspalten, unter Baumrinde oder an Betonfundamenten und findet auch mal den Weg ins Haus. Die deutlich kleinere Gelbe Gartenameise baut ihre Nester hingegen meist unter dem Rasen. Da sie sich hauptsächlich vom Honigtau unterirdisch gehaltener Wurzellauskolonien ernährt und daher kaum den Bau verlässt, bekommt man sie nur selten zu Gesicht. Erkennen lassen sich ihre Nester oft an hügelartigen Aufschüttungen. Auch die Schwarze Wegameise lebt vorwiegend vom Honigtau von Läusen und von proteinhaltiger Nahrung, meist Insekten.

Ameisen erfüllen zentrale Funktionen in Ökosystemen auf der ganzen Welt. Sie sind Gesundheitspolizei und Zersetzer organischen Materials, Bestäuberinsekten, Bodenbelüfter und -strukturierer, Humusbildner, Samenverbreiter oder Jäger. Doch unabhängig von ihren – je nach Art höchst unterschiedlichen – Lebensweisen sind die staatenbildenden Insekten stets als Kolonie erfolgreich.

Nester im Garten sollten möglichst in Ruhe gelassen werden. Dort, wo sie wirklich stören, etwa an oder unter der Terrasse oder im Sandkasten, lassen sie sich auch umsiedeln. Hierfür wird ein feuchter, mit Holzwolle gefüllter Tontopf über ein Ameisennest gestülpt und gewartet, bis das Ameisenvolk dorthin umgezogen ist. Anschließend wird dieses an einen anderen, gut geschützten Ort gebracht. Alle Ameisen genießen als Wildtiere nach dem Artenschutzgesetz einen Mindestschutz. Einige Arten wie die Rote Waldameise gelten als besonders geschützt.

Im Haus vermeidet man Ameisen unter anderem durch abgeschlossene Vorratshaltung, dichte Fugen und ordentlich abgedichtete Dächer.

# 73 »Ist doch eine Allerweltsart!«

*Live dabei und schuld dran*

Der Annahme, dass wir uns um sogenannte Allerweltsarten wie Spatzen keine Sorgen machen müssten, stehen leider knallharte Fakten entgegen. Die Bestände schwinden. Nach und nach wandern vormals häufig anzutreffende Wildtiere und -pflanzen auf die (Vorwarn-)Liste bedrohter Arten – zuletzt der Igel.

Was zu Zeiten unserer Großeltern in freier Flur noch die Regel war, gilt heute vielfach als gefährdet oder gar vom Aussterben bedroht. Dies betrifft Tiere und Pflanzen gleichermaßen und damit in allen Punkten auch uns, da unsere Existenz vom Funktionieren der Ökosysteme abhängt. Betrachtet man die Gleichgültigkeit vieler Menschen und das politische Zaudern, dieser Entwicklung ernsthaft und im großen Stil entgegenzusteuern, gewinnt man den Eindruck, dass diese Tatsache immer noch nicht in ihrer Tragweite erfasst worden ist.

Der Verlust an Artenvielfalt ist in seinem Tempo beispiellos. Wir befinden uns mitten im sechsten Massenaussterben auf unserem Planeten – allerdings mit dem Unterschied, dass wir dieses als Menschen nicht nur live miterleben, sondern auch verursacht haben. Manche Allerweltsarten breiten sich durch Nährstoffeintrag via Landwirtschaft, aber auch Verbrennungsprozesse, Klimaerwärmung und weitere Faktoren sogar aus, etwa häufige, stickstoffliebende Pflanzenarten. Andere, nur lokal vorkommende, an nährstoffarme Böden angepasste Pflanzen sind im Rückgang begriffen. Beides hat unmittelbare Auswirkungen auf die Tierwelt.

Wenn wir von Allerweltsarten sprechen, müssen wir uns eingestehen, dass wir über die meisten ziemlich wenig wissen. Wissen ist jedoch die Voraussetzung für Handeln. Im Garten steht uns die Option frei, durch entsprechende Gestaltung die lokale Artenvielfalt zu fördern, anstatt sie zu behindern. Dies ändert an den großen Stellschrauben nichts – in unserem Umfeld aber einiges.

Im 18. und 19. Jahrhundert galten Spatzen als Schmarotzer. Das schlechte Image haben sie teilweise bis heute behalten. Der Feldsperling (Foto) ist inzwischen auf der Vorwarnliste der bedrohten Arten zu finden.

# 74 »Kampf dem dunklen Hörnchen!«

*Eine Diskriminierungsgeschichte*

Immer noch wird das »böse« dunkle Eichhörnchen, welches unser rotes Hörnchen angeblich vertreibt, verjagt oder gar getötet. Doch warum eigentlich? Hier werden völlig unterschiedliche Dinge verquickt. Die Fellfarbe des einzigen natürlich in Mitteleuropa vorkommenden Eurasischen Eichhörnchens variiert – entgegen häufiger Annahme – erheblich und reicht von Hellrot bis fast Schwarz mit sämtlichen Zwischentönen. Die variablen Fellfarben sind jedoch wie die Haarfarben bei uns Menschen: natürliche Varianten.

Nicht heimisch ist hingegen das in Teilen Europas durch Menschen eingeschleppte, ursprünglich in Nordamerika beheimatete Östliche Grauhörnchen. Es unterscheidet sich von unserem Eurasischen Eichhörnchen deutlich in Größe, Gewicht und Farbe. In Großbritannien hat das Grauhörnchen das Eichhörnchen weitestgehend verdrängt, in Norditalien vermehrt es sich ebenfalls stark. In Deutschland existiert bisher kein Nachweis frei lebender Grauhörnchen. Aufgrund der Erfahrungen in England beobachtet man sie allerdings genau, denn sie sind ihren europäischen Verwandten durch ganz unterschiedliche Faktoren überlegen.

Es kommt mitunter vor, dass ein Eichhörnchen nicht nur den klassischen weißen Bauch, sondern auch eine weiße Pfote oder weiße Stellen im Schwanz aufweist. Dieses Phänomen des Leuzismus kann häufiger bei Vögeln, zum Beispiel Amseln, entdeckt werden. Es handelt sich um einen harmlosen Gendefekt, bei dem der darunterliegenden Haut pigmentbildende Zellen fehlen.

Noch eine Frage bewegt viele Eichhörnchenfreunde: Sind die Nager Nesträuber, und gefährden sie Vogelbestände? Eichhörnchen ernähren sich als tagaktive Allesfresser sehr abwechslungsreich von Nüssen, Samen, Früchten, Pilzen, Knospen, Rinde und mitunter auch von Insekten oder Vogeleiern. Bestände anderer Wildtiere gefährden sie mitnichten. Das schafft nur der Mensch.

Ob rot oder dunkel: In beiden Fällen handelt es sich um ein Eurasisches Eichhörnchen. Obwohl sie bis zu sieben Jahre alt werden können, liegt die durchschnittliche Lebenserwartung bei lediglich drei Jahren. Nur jedes vierte bis fünfte Jungtier übersteht die ersten Lebenswochen.

# 75 »Zorro? Gibt's doch nur im Film!«

*Über seltenes Gartenglück*

Hatten Sie abseits von Leinwand und Karneval schon einmal eine Begegnung mit Zorro? Mit seiner markanten schwarzen Binde von den Augen bis zu den Ohren ist der Gartenschläfer, der zu den Bilchen gehört und mit Siebenschläfer und Haselmaus verwandt ist, leicht zu identifizieren. Zu Gesicht bekommen ihn die wenigsten. Dies liegt an seiner geografischen Verbreitung, der nachtaktiven, extrem scheuen Lebensweise, seinem langen Winterschlaf von Oktober bis April und stark rückläufigen Beständen.

Der Gartenschläfer – Tier des Jahres 2022 in der Schweiz und 2023 in Deutschland – ist eigentlich in dichten Nadel- und Mischwäldern beheimatet, kommt aber als Kulturfolger heute im Südwesten Deutschlands auch in Gärten und Städten, Weinbergen und Obstwiesen vor. In der Mitte und im Südosten Deutschlands findet man ihn in den Hochlagen der Mittelgebirge. Die Bestände des nachtaktiven Tiers schrumpfen stark und schnell. In Ostdeutschland ist es nahezu vollständig ausgestorben. Seit einigen Jahren beschäftigen sich Wissenschaftler der Justus-Liebig-Universität Gießen, der Senckenberg-Gesellschaft für Naturforschung und des BUND im Rahmen des Projekts »Spurensuche Gartenschläfer« mit der Frage, warum es um die Bestände dieses Bilchs so schlecht bestellt ist. Sind die wenigen strukturreichen und naturnahen Wälder dafür verantwortlich? Liegt es an den Inselvorkommen und zu wenig genetischem Austausch? Tragen auch aufgeräumte Gärten und immer weniger Schuppen zu seinem Schwinden bei? Erste Ergebnisse deuten darauf hin, dass der starke Insektenrückgang und die zunehmende Strukturarmut eine entscheidende Rolle spielen.

Der Gartenschläfer wird auf der Vorwarnliste geführt und zählt gleichzeitig zu den sogenannten »Verantwortungsarten«: Da sich ein erheblicher Teil seines weltweiten Vorkommens in Deutschland befindet, muss sein Schutz besondere Priorität haben.

Wer das Glück hat, einen Gartenschläfer zu sichten, sollte seinen Fund unbedingt melden: www.gartenschlaefer.de.

# 76__»Igel sieht man doch überall!«

*Über verzerrte Wahrnehmung*

Einem Igel begegnet man immer wieder, im Herbst oft auch seinem Nachwuchs. So schlecht kann es also nicht um ihn bestellt sein. Oder doch? Der Westeuropäische Braunbrustigel war nicht nur Wildtier des Jahres 2024 – er rutschte aufgrund stark rückläufiger Bestände im selben Jahr auch erstmals auf die Vorwarnliste gefährdeter Arten. Obwohl Igel ein Alter von bis zu sieben Jahren erreichen können, werden die meisten nicht älter als drei Jahre – sofern sie überhaupt den ersten Herbst und Winter überstehen.

Der Igel zählt zu den erdgeschichtlich ältesten noch existierenden Säugetierformen. Sein heutiges Aussehen besitzt er seit schätzungsweise 15 Millionen Jahren. Mit seinem ausgeprägten Geruchssinn und einem exzellenten Gehör, das weit in den Ultraschallbereich hineinreicht, durchstreift der dämmerungs- und nachtaktive Einzelgänger allabendlich unsere Gärten – falls er hinein- oder hinauskommt, denn Mauern, bodentiefe Zäune und andere Barrieren machen es dem Stachelritter zusätzlich schwer.

Unzählige Igel fallen jährlich dem Straßenverkehr zum Opfer. Dabei würden artenarme, aufgeräumte und pestizidbelastete Gärten, Schlagfallen und Giftköder, Mähroboter und Motorsensen als Bürden ausreichen. Obwohl adulte Igel zwischen 800 und 1.500 Gramm wiegen sollten – Männchen sind schwerer als Weibchen –, begegnen uns vermehrt abgemagerte, dehydrierte und kranke Tiere. Und jede Menge schlecht genährter Jungigel, die immer später im Jahr zur Welt kommen.

Die Hauptfortpflanzungszeit liegt zwischen Juni und August. Nach 35 Tagen Tragzeit bringt die Igelin vier bis fünf Junge zur Welt, die sie rund sechs Wochen säugt. Oft sieht man die Kleinen noch bis in den November oder sogar Dezember hinein auf Futtersuche – weit entfernt von einem Gewicht oder Gesundheitszustand, mit dem sie den bevorstehenden Winterschlaf von bis zu fünf Monaten überstehen können.

Als Kulturfolger lebt der Igel heute fast ausschließlich im menschlichen Siedlungsraum. Hier findet er noch bessere Bedingungen als in der ausgeräumten Agrarlandschaft.

# 77__»Schnecken hab ich doch genug!«

*Warum der Igel mehr braucht*

Auf dem vielfältigen Speiseplan des Igels stehen Laufkäfer, Regenwürmer, Ohrwürmer, Hundertfüßer, Spinnen, Schnecken und sogar Frösche und Mäuse. Igel ernähren sich also rein von tierischer Kost. »Aber ich hab doch genügend Schnecken!«, mag man einwenden. Diese lösen die Probleme des Igels allerdings nicht.

Naturschutzverbände und Vereinigungen wie Pro Igel geben die stets gleichen Empfehlungen, wie man den Igel im Garten ohne großen Aufwand unterstützt. Heimische Wildpflanzen fördern die Artenvielfalt im Garten und helfen damit auch dem Igel. Zäune sollten ausreichend große Durchschlüpfe von mindestens zehn mal zehn Zentimetern besitzen. Hecken und Gebüsche, Reisig-, Laub- und Komposthaufen oder Holzstapel sollten als Unterschlüpfe belassen werden. Eine fest stehende und stets saubere Wasserschale kann als Trinkwasserquelle dienen, flach auslaufende Teiche erfüllen natürlich den gleichen Zweck. Kellerschächte und Pools sollten abgesichert sein, ein Brett im Teich ermöglicht notfalls den Ausstieg. Gift- und kunstdüngerfreies Gärtnern schützt den Igel – Schneckenkorn und Co. sind indiskutabel. Mähroboter, Freischneider und Laubbläser sollten tabu sein. Vor dem Mähen ist es geboten, die Umgebung genau abzusuchen. Da Igel keinen Fluchtreflex besitzen, können sie sich nur einrollen, nicht aber in Sicherheit bringen. Jährlich erleiden Tausende Tiere schwerste Verletzungen, oftmals ohne dass die Verursacher etwas davon mitbekommen. Igel leiden leise, sie schreien nicht. Unnötige Gartenbeleuchtung verwirrt den Igel und seine Beute.

Zufütterung mit hochwertigem Katzenfutter sollte nur zeitlich begrenzt und unter hygienischen Bedingungen im Herbst erfolgen. Pflegeigel dürfen zudem nicht mit Schnecken oder Würmern gefüttert werden, da diese Innenparasiten übertragen, die das Immunsystem des Igels schwächen.

Überfüllte Wildtierstationen und Pflegestellen brechen jeden Herbst alle stemmbaren Rekorde – oftmals ehrenamtlich –, um kranke, verletzte, unterernährte und verwaiste Igel durchzubringen (oben: wenige Tage altes Igelbaby, unten: abgemagerter Altigel mit Hungerknick).

# 78__»Maulwürfe ruinieren Pflanzen.«

*Falsche Verdächtigungen*

Obwohl der Maulwurf gesetzlich geschützt und somit schon seine Störung verboten ist – von der Tötung ganz zu schweigen –, hat es der fleißige Buddler in unseren Gärten schwer. Die störenden Erdhügel, die er beim Aushub seiner Gänge, Schlaf-, Nest- und Vorratskammern auftürmt, machen ihn zum äußerst unbeliebten Gartenmitbewohner. Außerdem werden ihm gern angebissene Pflanzenwurzeln von Zier- oder Gemüsepflanzen zur Last gelegt. Irrtümlicherweise, denn der Maulwurf ist ein reiner Fleischfresser, der sich unter anderem von Regenwürmern, Raupen, Schnecken, Engerlingen und Larven ernährt. Er vertreibt als ausgesprochener Einzelgänger sogar Wühlmäuse aus seinem Revier – und damit unserem Garten.

Mit den aufgeworfenen Erdhaufen sorgt er nicht nur für eine ausreichende Belüftung seines unterirdischen Gangsystems. Er lockert gleichzeitig unsere ohnehin verdichteten Böden und baut kostenlose Drainagen ein. Mit seinen kräftigen Vorderbeinen samt Grabschaufeln vermag er das bis zu 20-Fache seines Körpergewichts zu manövrieren.

Der Maulwurf kann sich in seinen Gängen sowohl vor- als auch rückwärts fortbewegen: Sein seidenweiches Fell ohne Strich macht es möglich. Er ist fast blind, da er unter der Erde nichts sehen muss. Stattdessen verfügt er über einen ausgezeichneten Tast- und Geruchssinn sowie ein exzellentes Gehör. Letzteres hilft ihm bei seiner äußerst effektiven Jagdstrategie: Er hört seine Beute in sein Gangsystem fallen. Sein besonders hämoglobinreiches Blut ermöglicht es dem Maulwurf, trotz geringer Sauerstoffzufuhr seinen hohen Energiestoffwechsel aufrechtzuerhalten. Dieser führt auch dazu, dass der Maulwurf beständig auf Futtersuche ist und nur einen vergleichsweise geringen Zeitraum ohne Nahrung überstehen kann.

Auch wenn die Erdhügel nicht in unserem Konzept vorkommen: Wer sich in etwas Toleranz übt, hat mit einem Maulwurf den perfekten Bodenbelüfter im Garten.

Der Einsatz von Insektiziden ist auch für den Maulwurf fatal. Maulwurfshügel lassen sich von Wühlmaushaufen unterscheiden. Sie sind höher, meist stabiler, mit mittiger, senkrecht nach unten führender Gangöffnung und beinhalten keine angenagten Pflanzenreste.

# 79 »Den päppeln wir selber!«

*Wovon Ehrenamtliche ein Lied singen*

Ob Miniigel, Junghörnchen oder verletztes Vögelchen: Da kümmert man sich, und dann ist es auch nicht recht! So könnte man frustriert denken, wenn man als Tierfreund dem schreienden Babyhörnchen etwas Wasser einflößen will oder den armen Igel in einem Karton in den Keller stellt, damit er nicht durch den ersten Schnee irren muss. Leider ist gut gemeint noch lange nicht gut gemacht. Wildtierpflege ist alles andere als einfach und nicht vergleichbar mit dem Päppeln einer streunenden Katze. Wenn wir ehrlich sind, wissen wir so gut wie nichts über die Aufzucht der Tiere, die wir uns ins Haus holen. Eine unsachgemäße Behandlung bedeutet für sie trotz vermeintlicher »Rettung« oft den Tod.

Alle Wildtiere sind in Deutschland nach dem Bundesnaturschutzgesetz geschützt. Ihre Entnahme ist also erst einmal rechtswidrig. Allerdings stellen kranke beziehungsweise verletzte Tiere eine Ausnahme dar. Bei einem Wildtiernotfall sollte man zuallererst Ruhe bewahren, denn Stress überträgt sich auf das Tier, das ohnehin gestresst ist. Am besten wendet man sich unverzüglich an eine Wildtieraufzuchtstation oder ein Tierheim mit Wildtierstation. Es gibt auch bundesweit geltende Hotlines, etwa für Eichhörnchen. Falls nötig, muss man das Tier sichern. Hier eignet sich ein Karton mit Luftlöchern (mit Handtuch ausgelegt) oder eine Tiertransportbox. Zum Eigenschutz empfiehlt sich das Nutzen von Handschuhen, eines Handtuchs, einer Decke oder eines Schals. Besonders junge Wildtiere sind oft unterkühlt. Eine Wärmequelle unter dem Handtuch – Wärmflasche oder Kirschkernkissen mit maximal 38 Grad oder eine mit warmem Wasser gefüllte PET-Flasche – hilft. Man sollte weder Essen noch Trinken verabreichen, denn falsche Nahrung und auch falsche Gabe von Wasser oder Futter können tödliche Folgen für das Tier haben.

Wichtig: Manchmal ist bereits die Entscheidung über die Hilfsbedürftigkeit eines Tieres herausfordernd. Einige hilfreiche Adressen finden Sie im Anhang dieses Buches.

Verletzte, unterernährte oder verwaiste Wildtiere (oben: wenige Wochen altes Eichhörnchen) brauchen fachgerechte Pflege und meistens auch medikamentöse Versorgung. An eine erfolgreiche Auswilderung (unten: Eichhörnchen in einer Auswilderungsvoliere) muss ebenfalls gedacht werden.

# 80__»Falter und Raupe fressen das Gleiche.«

*Das Wunder der Metamorphose*

Schmetterlinge – weltweit geschätzt rund 180.000 Arten – gelten vielen als Inbegriff der Eleganz und Farbenpracht im Garten. Allerdings beziehen wir uns bei diesem Bild nur auf die sehr kleine Gruppe der Tagfalter, die in Deutschland rund 200 Arten umfasst. Die Mehrzahl der heimischen Schmetterlinge zählt jedoch zu den Nachtfaltern (→ Kapitel 81).

Schmetterlinge faszinieren uns auch deshalb, weil sie eine vollständige Metamorphose vom Ei über die Raupe und Puppe bis hin zum fertigen Falter durchlaufen. Und obwohl wir das alle wissen, verdrängen wir gern, dass ein schmetterlingsfreundlicher Garten alle Stadien des Entwicklungsprozesses zum adulten Tier berücksichtigen muss.

Falterweibchen legen ihre Eier normalerweise an oder zumindest in die Nähe der späteren Futterpflanzen ihrer Raupen. Diese unterscheiden sich von den nektarreichen Blüten, die der erwachsene Falter benötigt. Wer den Schwalbenschwanz unterstützen möchte, hat in seinem Garten Fenchel oder Wilde Möhre. Wer Zitronenfalter liebt, denkt daran, einen Faulbaum zu pflanzen – neben Kreuzdorn die einzige Futterpflanze für Zitronenfalterraupen. Die Brennnessel dient sogar als Futterpflanze für den Nachwuchs von rund 50 Schmetterlingsarten, darunter Admiral, Tagpfauenauge, Kleiner Fuchs und Landkärtchen. Weitere wichtige Futterpflanzen sind Ackersenf, Barbarakraut, Färberwaid, Hufeisenklee, Kratzdistel, Schafgarbe, Schlüsselblume, Salweide, Labkraut, Nachtviole und Wald-Veilchen.

Die meisten Raupen schlüpfen nach rund einer Woche aus dem Ei. Während ihres meist rund vier Wochen andauernden Raupenstadiums häuten sie sich mehrfach, ehe sie sich verpuppen, da ihr »Außenskelett« aus Chitin nicht mitwachsen kann. Mit ihren Fühlern können Schmetterlinge riechen, manche auch tasten, schmecken und Temperaturen wahrnehmen. Ihre Lebensspanne als Falter reicht von wenigen Tagen bis zu mehreren Monaten.

Die Flügelzeichnung vieler Schmetterlinge, aber auch die auffällige Musterung mancher Raupen (Foto: Schwalbenschwanzraupe) dient der Tarnung, Täuschung (»Tieraugen«) oder Warnung (»Achtung, ich bin ungenießbar oder giftig!«).

# 81 »Schmetterlinge fliegen nur tagsüber.«

*Unter dem Radar*

Auch wenn wir bei dem Wort Schmetterling sofort an farbenprächtige Tagfalter denken: Mehr als 3.500 der rund 3.700 in Deutschland heimischen Schmetterlinge zählen zu den Nachtfaltern. Sie fliegen im wahrsten Sinne des Wortes meist unter unserem Radar und gelten leider bei vielen Menschen im Vergleich zu den bunt gefärbten Verwandten als unattraktiv oder gar abstoßend. Dabei sind Nachtfalter unter anderem sehr aktive Bestäuber.

Tag- und Nachtfalter lassen sich ganz grob anhand fünf verschiedener Merkmale unterscheiden: Aktivitätszeit, Farbgebung, Fühlerform, Körperbau und Flügel. Tagfalter sind gemäß ihrem Namen meist tagsüber unterwegs, Nachtfalter hingegen gewöhnlich – aber nicht ausschließlich – dämmerungs- und nachtaktiv. Während Tagfalter üblicherweise bunt und hell gefärbt sind, weisen Nachtfalter meist eine bräunliche, schwarze oder weiße Färbung auf und besitzen ein Tarnmuster, das etwa einer Baumrinde ähnelt. Allerdings gibt es auch hier Ausnahmen, nämlich unauffällige Tagfalter und hell gefärbte Nachtfalter. Die Fühler von Tagfaltern sind lang und fein und haben oft eine keulenförmige Rundung an den Enden. Nachtfalter hingegen haben meist fedrige, dicke Fühler, die kammartig wirken. Auch der Körperbau des Nachtfalters ist eher flaumig-behaart, während die Tagfalter schlanke, glattere Körper besitzen. Die Flügel der Tagfalter bleiben bei Entspannung offen, die eines Tagfalters sind geschlossen, wenn er sich entspannt. Das recht bekannte Taubenschwänzchen ist also ein tagaktiver Nachtfalter.

Tagfalter sehen eher im roten Bereich und werden daher besonders von purpur- bis orangefarbenen Blüten angezogen, die ihnen eine entsprechende Landemöglichkeit bieten. Nachtfalter schweben meist in der Luft und bevorzugen duftintensive und helle Pflanzen. Gut die Hälfte der Nachtfalter und mehr als zwei Drittel der Tagfalter sind gefährdet oder akut vom Aussterben bedroht.

Auch die markant gefärbten Widderchen zählen zu den Nachtfaltern, obwohl die meisten Arten dieser Familie tagsüber aktiv sind.

# 82 »Bei mir muss keiner verdursten!«

*Über die Zugänglichkeit von Wasser*

Nicht nur Säugetiere haben Durst – auch Vögel und Insekten sind auf Wasser angewiesen. Wer eine Regentonne oder zwei, drei Gießkannen voller Wasser herumstehen hat, mag denken, damit sei alles geritzt. Doch so funktioniert die Versorgung von Wildtieren mit Wasser im Garten leider nicht.

Im Siedlungsbereich sind natürliche Gewässer Mangelware. Dabei benötigen Wildtiere zugängliche Wasserstellen. Doch ob Pool oder unverschlossene Regentonne, Zinkwanne oder Teich mit Steilufern, Wasserkübel oder Mini-Eimer: Sie alle werden schnell zur tödlichen Falle, wenn Tiere hineinrutschen und eine Ausstiegsmöglichkeit fehlt. Schon ein einfacher Stock oder ein unbehandeltes Brett, das aus der Wasserstelle über den Rand ragt, können lebensrettend sein.

Entscheidend für jede Wasserquelle ist die Sauberkeit. Vogelbad und Insektentränke sollten regelmäßig – bei warmem Wetter sogar täglich – gereinigt werden. Hierbei ist auf chemische Mittel unbedingt zu verzichten. Kochendes Wasser, eine Bürste und ein Lappen reichen aus, um Salmonellen, Trichomonaden und anderen Erregern den Garaus zu machen. Auch die Entwicklung von Mückenlarven wird so vermieden. Wer zwei Gefäße im Wechsel nutzt, kann eines immer ausreichend trocknen.

Bei einer fachgerechten Insektentränke ist die Ausstiegshilfe ein Muss. Im Internet kursieren unter anderem Anleitungen mit Glasmurmeln. Allerdings erhitzen sich diese in der Sonne ganz besonders stark, sodass Insekten hier verbrennen können. Etwas Moos oder saubere Kieselsteine in einem Wasserbehältnis bieten Insekten hingegen gute Landemöglichkeiten. Vogelbad und -tränke brauchen einen flachen Rand mit rauer Oberfläche, damit die Vögel Halt finden. Sie sollten nicht zu tief sein und in jedem Fall katzensicher installiert werden. Dafür eignet sich ein erhöhter Platz, der für das trinkende Tier gut einsehbar ist.

Während Vögel ein Vogelbad oder einen Gartenteich bevorzugen, können Insekten auch kleine stehende oder hängende Keramikgefäße (am besten frostfest) nutzen. Raue Oberflächen bieten Halt, Kiesel- oder Keramiksteine sichere Landemöglichkeiten.

# 83 »Vögel brauchen keine Gärten.«

*Über Ersatzlebensräume*

Vögel sind aus Siedlungsräumen nicht mehr wegzudenken. Allerdings herrscht die Meinung vor, Vögel könnten genauso gut anderswo leben, eben »in der freien Natur«. Doch ist das (noch) so?

Vormals waldbewohnende Arten wie Amsel, Ringeltaube oder Mönchsgrasmücke findet man heute schwerpunktmäßig im Siedlungsraum und damit dort, wo ihnen künstliche Nistmöglichkeiten oder auch Futter zur Verfügung stehen. Spezialisierte Arten können auf dieses Angebot zwar kaum oder gar nicht zurückgreifen, wohl aber die sogenannten Generalisten. Sie benötigen aufgrund von Lebensraumverlusten durch intensive Landwirtschaft, Monokulturen, Pestizideinsatz, Flächenversiegelung und Co. Ersatzlebensräume in unseren Gärten – je nach Gestaltung mehr oder weniger strukturreiche. Hier ist, nicht überraschend, viel Luft nach oben.

Vielfältige Strukturen erhöhen die Vielfalt der Vogelarten, für die der Garten attraktiv ist. Pestizide wiederum reichern sich in der Nahrungskette an und schaden auch der Vogelwelt. So können sie Einfluss auf die Fruchtbarkeit, das Immun- und Nervensystem der Vögel nehmen.

Wie kann man nun den Vögeln mit der eigenen Gartengestaltung helfen? In einer Wildsträucherhecke finden sie neben Verstecken und Nistmöglichkeiten zugleich Nahrung wie Insekten oder Beeren im Winter. Wer heimische Wildstauden pflanzt und Samenstände den Winter über stehen lässt, unterstützt Vögel, denn Sämereien sind für viele ebenfalls eine wertvolle Nahrungsquelle. Fachgerechte Nisthilfen (→ Kapitel 86) sind sinnvoll. Futterstellen (→ Kapitel 84) sind nicht unumstritten. Eine klassische Tränke (→ Kapitel 82) oder ein Miniteich mit Flachwasserzone (→ Kapitel 82) leisten wertvolle Dienste als Trink- und Bademöglichkeit. Und nicht vergessen: Neben Freigängerkatzen (→ Kapitel 96) sind wir Menschen die größte Gefahr für die Sicherheit der Vögel.

In strukturreichen Gärten mit ausreichend Unterholz und Gebüsch, findet man sie mit Glück: die Nachtigall.

# 84 »Vögel füttern? Bloß nicht!«

*Es bleiben Fragen offen*

Einerseits wird an jeder Ecke Vogelfutter verkauft. Gleichzeitig soll die Fütterung bedenklich oder gar tödlich für Vögel sein. Was stimmt denn nun?

Der Landesbund für Vogelschutz Bayern positioniert sich wie folgt: Verantwortungsvoll durchgeführte Ganzjahresvogelfütterung im Garten schade Vögeln nicht. Allerdings fehlen bislang aussagekräftige Untersuchungen, ob sie empfehlenswert ist. Fest steht, dass die Wiederherstellung strukturreicher Waldgebiete und Feldflur für den Vogelschutz unabdingbar ist. Hier ist die Politik in der Verantwortung. Und auch im Garten kann die Vogelfütterung eine naturnahe Gestaltung nicht ersetzen. Sie unterstützt außerdem nur jene Generalisten, die sich im Siedlungsraum aufhalten.

Fütterung macht Vögel laut Studienlage nicht von der Futterstelle abhängig. Durch den jahreszeitlichen Zu- und Wegzug von Brut- und Gastvögeln variiert das Artenspektrum. Entscheidend sind Hygiene und die Auswahl des richtigen Futters. Essensreste, Brot und Co. sind tabu. Konventionell angebautes Futter kann im Gegensatz zu Biofutter Pestizide enthalten und bedeutet noch mehr Agrarlandschaft und noch weniger Lebensraum für Vögel. Am wertvollsten ist natürliches Futter in Form von Sämereien, Wildfrüchten und Insekten.

Bei zugefütterten Vögeln wurden unter anderem ein verbessertes Immunsystem, eine höhere Kondition und ein geringeres Stresshormon-Level nachgewiesen. Gleichzeitig können sich Krankheiten unter Vögeln leichter ausbreiten. Studien zur Auswirkung von Zufütterung auf Populationen lieferten teilweise widersprüchliche und schwer vergleichbare Ergebnisse. Jungvögel vertragen weder fettreiches Winterfutter noch große Erdnussstücke oder Sonnenblumenkerne, an denen sie ersticken könnten. Wer keine kleinen Sämereien heimischer Wildstauden oder geeignetes und frisches (!) tierisches Proteinfutter anbieten kann, sollte zwischen April und Juni auf Fütterung verzichten.

Wacholderdrosseln freuen sich über Früchte. Vogelfütterung an einer Futterstelle leistet keinen Beitrag zum Artenschutz, kann aber Individuen unterstützen. Beim Menschen kann sie Artenkenntnis, Naturinteresse und Wohlbefinden fördern.

# 85 »Nadelgehölze sind nicht tierfreundlich.«

*Von Vorurteilen gegenüber Nadelbäumen*

In älteren Gärten finden sich recht häufig Nadelbäume. In den letzten Jahren sind Koniferen allerdings zunehmend in Verruf geraten. Teure, kleinwüchsige Ziersorten und aufwendig gepflegte Solitär- oder Heckenelemente in sterilen Gärten haben dazu beigetragen. Aber sind Kiefer, Tanne, Fichte, Eibe und Co. wirklich so ökologisch wertlos?

Nein, denn Nadelgehölze in Gärten bieten Lebensräume für eine ganze Reihe von Arten. Eichhörnchen beispielsweise brauchen alte Baumbestände als Schutz vor Fressfeinden, zum Schlafen sowie zur Jungenaufzucht, aber auch als Nahrung. Sie lieben die Samen und jungen Triebe von Kiefern oder Fichten. Da diese zum Teil erst nach vielen Jahren fruchten, sind Altbäume auch aus dieser Perspektive besonders wertvoll. Immergrüne Gehölze sind aber auch wertvolle Rückzugsräume für Vögel. Gerade bei rauen Winterwinden oder starkem Schneefall bieten Koniferen – je dichter, desto mehr – wertvollen Schutz. Der Fichtenkreuzschnabel frisst gemäß seinem Namen vorwiegend Fichten-, aber auch andere Nadelbaumsamen. Auch die Tannenmeise ernährt sich neben Insekten von den Samen verschiedener Nadelgehölze.

Säureliebende Stauden können unter Nadelgehölzen wunderbar gedeihen. Stinkende Nieswurz, Leberblümchen, Edel-Gamander, Schopfiger Hufeisenklee, Maiglöckchen, Berg-Aster, Pfingstrosen und Alpenveilchen-Arten fühlen sich als krautige Pflanzen unter Nadelbäumen durchaus wohl. Zudem wachsen hier Taubnessel, Kriechender Günsel, Ehrenpreis, Salomonssiegel, Lichtnelke, Nesselblättrige Glockenblume, Wald-Geißbart, Hohler Lerchensporn, Wald-Storchschnabel, Echter Wurmfarn und Wald-Ziest.

Ohne triftigen Grund sollte ein Nadelgehölz also niemals gefällt oder gekappt werden. Abhängig von Art, Alter, Standort und sonstigen Gegebenheiten riskiert man neben dem ökologischen Verlust ein empfindliches Bußgeld.

Die Haubenmeise kommt auch in Parks und Gärten vor, sofern diese Nadelbaumbestände aufweisen.

# 86 »Wir haben ja die Sträucher!«

*Warum Nisthilfen trotzdem wichtig sind*

Wer eine vielfältige Hecke aus unterschiedlichen heimischen Gehölzen pflanzt, tut besonders den Vögeln etwas wirklich Gutes. Nisthilfen? Die sind doch in so einem Fall überflüssig, oder?

Tatsächlich benötigen viele Vogelarten als Halbhöhlen- oder Höhlenbrüter Totholz oder andere Strukturen für ihr Brutgeschäft und die Jungenaufzucht. Ihre ursprünglichen Lebensräume waren lichte Wälder und Offenlandschaften mit entsprechendem Baumbestand. Hier zimmerte oft der Specht die Höhle, die später auch von anderen Vogelarten genutzt wurde. Da Alt- und Habitatbäume aber zunehmend Mangelware sind, werden künstliche Nisthilfen umso wichtiger. Sie sind grundsätzlich immer sinnvoll, denn in kalten oder nassen Nächten suchen Vögel darin gern Schutz und nutzen sie zum Schlafen.

Dennoch sollten Nistkästen nicht wahl- beziehungsweise planlos und stets katzen- und mardersicher aufgehängt werden. Wichtig ist, dass sie niemals in der prallen Sonne, sondern an einem halbschattigen, geschützten Ort angebracht werden. Das Einflugloch zeigt idealerweise in südöstliche Richtung und muss frei und ungestört zugänglich sein. Sofern die mitgelieferte Beschreibung nichts anderes empfiehlt, sollte die Nisthilfe mindestens in einer Höhe von drei bis fünf Metern montiert werden. Es ist unbedingt darauf zu achten, dass der Nistkasten am Ende nicht frei im Wind schaukelt. Wird er an einem Baum befestigt, darf die Baumrinde durch die Montage keinen Schaden nehmen. Damit kein Regen eindringen kann, ist die richtige Neigung – besser nach vorne als nach hinten – zu berücksichtigen. Nistkästen gleicher Bauart, die sich also an die gleiche Vogelart richten, sollten mindestens einen Abstand von zehn Metern haben.

Wichtig: Nisthilfen sollten immer auch mit einer naturnahen Gartengestaltung einhergehen, also heimischen Wildstauden und -sträuchern und natürlich dem Verzicht auf Gift. So wird der Garten wirklich Lebensraum.

Die hochwertigste Nisthilfe bringt nichts, wenn die Vögel (Foto: Blaumeise) im Garten keine Nahrung in Form von Insekten, deren Raupen beziehungsweise Larven, Früchten oder Sämereien vorfinden.

# 87 »Die sind Lärm gewohnt.«

*Lebewesen als solche begreifen*

Unsere Welt ist laut. Lärm mindert allerdings die Lebensqualität, und dies gilt selbstverständlich auch für Tiere. Für sie ist er nicht weniger schädlich als für uns Menschen. Lärm verursacht Stress, bei Mensch und Tier. Der wirkt sich bekanntermaßen negativ auf die Gesundheit aus. Bei Tieren kommt hinzu, dass nicht nur für Menschen wahrnehmbare Frequenzen ausschlaggebend sind, da viele Tiere auch Ultra- oder Infraschall hören. Während wir für unser Haustier Strategien entwickeln, um beispielsweise bestmöglich durch die Silvesternacht zu kommen, leiden Wildtiere unter Lärm noch viel mehr – nicht nur zum Jahreswechsel.

Plötzlich auftretende Geräusche können Tiere in Alarmbereitschaft versetzen und mitunter folgenschwere Fluchtreaktionen auslösen. Eine Langzeitstudie des Max-Planck-Instituts für Verhaltensbiologie und des Niederländischen Instituts für Ökologie zeigt am Beispiel von Wildgänsen unter anderem auf, dass manche Individuen in der Silvesternacht mehrere hundert Kilometer fliehen – Distanzen, die normalerweise nur während des Vogelzugs zurückgelegt werden. Je nach Lärmbelastung tragen Tiere auch Hörschäden davon, Säugetiere mitunter irreparable.

Lärm und Störgeräusche beeinträchtigen die Umweltwahrnehmung etwa von Fledermäusen, die ihre Umgebung per Ultraschall erfassen. Sie stellen bei starken Störgeräuschen die Jagd ein. Auch die Räuber-Beute-Beziehung wird durch Lärm nachhaltig beeinflusst. Wildtiere, die nach Gehör jagen, wie Wildkatzen oder Marder, sind auf diesen Sinn angewiesen. Beutetiere wiederum müssen Räuber und Alarmsignale wahrnehmen können.

Für viele Tiere ist eine akustische Verständigung fundamental. Ob zur Partnersuche oder zur Abgrenzung des Reviers, ob zur Balz oder zur Kontaktaufnahme zwischen Eltern- und Jungtieren: Lärm beeinträchtigt diese Kommunikation und mitunter auch den Fortpflanzungserfolg. Lärm hat also für viele Lebewesen weitreichende Konsequenzen - wir sind nur eines davon.

Viele menschliche Störgeräusche sind vermeidbar. Eine natürliche Geräuschkulisse mit Vogelgezwitscher, Insektengebrumm und quakenden Fröschen (Foto: Teichfrosch) hingegen kann auch uns Menschen entspannen.

# 88 »Das bisschen Licht …« – Teil 1

*Stimmungsvolles mit tragischen Folgen*

Lieben Sie es auch, wenn in Ihrem Garten abends die Lichter angehen? Gartenstrahler, Solarfackeln, Lichterketten und Wegeleuchten – wenn die Sonne untergeht, erfreuen sich viele Gartenbesitzer an Lichtelementen. Doch was wir als stimmungsvoll oder sicherheitsrelevant erachten, ist das, was Experten als Lichtverschmutzung bezeichnen. Und die hat Folgen.

Während früher die Sonne den Tag-Nacht-Rhythmus bestimmte, hat Kunstlicht diesen massiv verändert. Die Photosynthese von Pflanzen und damit ihr Wachstum wird maßgeblich von Licht bestimmt. Der natürliche Tag-Nacht-Rhythmus des Menschen ist an die Bildung des Schlafhormons Melatonin gekoppelt, das bei Dunkelheit produziert wird. Für nachtaktive Wildtiere ist ausreichend Dunkelheit notwendig, während tagaktive Tiere Nachtruhe brauchen. Kunstlicht beeinträchtigt den natürlichen Lebensrhythmus von Menschen, Tieren und selbst Pflanzen. Besonders nachtaktive Wildtiere werden in ihrem Zeitrhythmus und ihrer Orientierung durch künstliches Licht massiv gestört.

Ganze Schwärme von Insekten wie zum Beispiel Nachtfalter flattern jede Nacht bis zur Erschöpfung um Lichtquellen – ohne zu fressen, zu bestäuben oder sich zu paaren. Dort werden sie überproportional häufig zur Beute von Fressfeinden. Vögel werden ebenfalls durch Kunstlicht irritiert. Amseln, Meisen und Rotkehlchen beispielsweise singen früher, und auch ihre Eiablage- und Brutzeiten verschieben sich. Dies kann zu einer problematischen Versorgungslage für die Brut führen, wenn nicht mehr ausreichend Insekten zur verschobenen Brutzeit fliegen. Auch das Futtersuch-, Balz- und Paarungsverhalten von Kleinsäugern und Amphibien wird durch künstliche Lichtquellen gestört. Selbst Bäume oder Hecken, die dauerhaft direktem Licht ausgesetzt sind, weisen nachweislich gestörte Wachstumszyklen auf. Doch es gibt Stellschrauben …

Festbeleuchtung erhellt die Siedlungsräume – oft die ganze Nacht. Viele Menschen machen sich keine Gedanken, welche Auswirkungen sie hat.

# 89 »Das bisschen Licht …« – Teil 2

*Was brauchen Sie tatsächlich?*

Angesichts der gravierenden Beeinträchtigung der Mitwelt durch Kunstlicht stellt sich für viele Gartenbesitzer die Frage: Muss ich auf meine Laterne verzichten und im Dunkeln durch den Garten tappen? Mancherorts wird inzwischen ab 22 Uhr zur Reduktion von Lichtverschmutzung und des Energieverbrauchs auf das Anstrahlen von Denkmälern und Gebäuden verzichtet. Aber auch für die Gartenbeleuchtung gilt: so wenig wie möglich. Dies spart Energie und lässt uns in lichtverschmutzten Siedlungsräumen auch einmal einen Blick auf mehr Sterne als üblich erhaschen.

Idealerweise schaltet man Lichter und Bewegungsmelder nachts ganz aus, um nachtaktiven Tieren wenigstens ein erweitertes Zeitfenster an größtmöglicher Dunkelheit zu gewähren. Korrekt eingestellt, strahlen sie nach unten und nur auf die relevante Fläche. Sie sollten nicht durch Katzen oder Igel aktiviert werden können. Punktuelle, gerichtete Beleuchtung, geringe Lichtstärke, wärmere Lichtfarbe und niedrigere Anbringungshöhe reduzieren Lichtverschmutzung. Zu vermeiden sind daher großflächige und Streulicht verbreitende Lichtquellen wie etwa Kugellampen. Sie irritieren Wildtiere ganz besonders. Solarlichter sind deshalb problematisch, weil sie oft die ganze Nacht leuchten. Stellen Sie sicher, dass sie abgeschaltet werden, sobald Sie den Garten verlassen, oder dass diese Abschaltung über eine Timerfunktion zuverlässig erfolgt. Auf Teichbeleuchtung – so stimmungsvoll sie sein mag – sollte ebenfalls verzichtet werden.

Selbstverständlich dringt auch Licht aus den Häusern nach außen. Wer macht sich hierüber schon Gedanken? Dabei könnte die Nutzung der Rollos einfache Abhilfe schaffen. Wenn wir abends draußen sitzen, sollten wir uns fragen: Braucht es tatsächlich die Festbeleuchtung, oder tut es vielleicht eine Kerze? Wer mehr Dunkelheit statt Lichtinszenierung wagt, stellt fest, wie beeindruckend schön die Nacht sein kann.

Künstliches Licht wird selbst abseits der Städte so weit gestreut und von der Atmosphäre reflektiert, dass echte Dunkelheit ohne jegliche Lichtverschmutzung kaum mehr zu finden ist.

# 90 »Die Vögel checken das mit der Scheibe!«

*Todesfalle Durchsicht*

Jedes Jahr sterben allein in Deutschland über 18 Millionen Vögel durch die Kollision mit Glas. Transparenz und Spiegelung werden den Vögeln zum Verhängnis. Ob Glasfassaden oder Wartehäuschen an Bus- und Bahnstrecken, Glaswände als Windschutz oder Trennwand, Wintergärten oder andere gläserne Fassadenelemente wie etwa bei Balkonen – sie alle können zur Todesfalle werden.

Untersuchungen haben ergeben, dass Greifvogelsilhouetten, wie man sie zum Beispiel immer noch an Hallenbädern und Turnhallen verwendet, keinen wirksamen Schutz bieten. Gleiches gilt für die weniger bekannten UV-Markierungen. Dies liegt zum einen daran, dass nicht alle Vögel UV-Licht wahrnehmen können. Andere Vogelarten wiederum nutzen UV-Licht sogar bei der Partnerwahl und assoziieren damit Positives. Darüber hinaus sorgen die Reflexionseigenschaften von Glas mitunter dafür, dass UV-Markierungen – je nach Lichtverhältnissen – unwirksam werden können. Der BUND spricht sich daher gegen die Verwendung von UV-Schutzmarkierungen aus.

Natürlich wäre es sinnvoll, sich schon bei der Bauplanung Gedanken zum Vogelschutz zu machen. So gibt es für einige Verwendungen gangbare Alternativen für durchsichtiges, spiegelndes Glas, zum Beispiel Milchglas, Ornamentglas oder Glasbausteine. Glasfassaden lassen sich außerdem verkleiden, etwa durch Lamellen. Diese sind auch für das private Eigenheim denkbar.

Kostengünstig und jederzeit nachrüstbar sind Kordel- und Perlenvorhänge, Fliegengitter, Window Color oder Glasmalstifte. All diese Lösungen sollten allerdings außen an- beziehungsweise aufgebracht werden. Wem das nicht professionell genug oder praktikabel erscheint, der kann die Außenflächen alternativ mit speziellen Musterfolien bestücken. Hier gilt als Faustregel: eine Handbreit Abstand bei vertikaler, möglichst kontrastreicher Streifenmusterung, bei horizontalen Streifen nur rund halb so viel, also etwa fünf Zentimeter.

Ob Raffstore (oben), Selfmade-Vogelschutz (unten) oder ein Fliegengitter: Es gibt für jedes Budget eine Möglichkeit, Vogelschlag zu vermeiden.

# 91 »Rabenvögel? Abschießen!«

*Gleich hinter den Stadttauben*

Während Stadttauben in den Innenstädten die meistgehassten Vögel sind, führen in unseren Gärten Rabenvögel das Ranking der ungebetenen Fluggäste an: Elstern, Eichelhäher, vor allem aber Saat- und Rabenkrähen stoßen auf reichlich Ablehnung. Doch sind die landläufigen Vorurteile und der wiederkehrende Ruf nach Bejagung gerechtfertigt?

Rabenvögel gelten als gesellige, sozial lebende und äußerst intelligente Singvögel – auch wenn ihr Krächzen in den Ohren vieler Menschen eher wie Lärm denn Musik klingt. Sie ernähren sich äußerst abwechslungsreich und erfüllen als Aasfresser wichtige Aufgaben für Mensch und Natur. Dass sie in Gruppen auftreten, legt den Verdacht nahe, dass sie sich unkontrolliert vermehren, in Scharen einfallen und dabei zudem Singvögelbestände dezimieren. Untersuchungen zeigen jedoch, dass diese Vorurteile wissenschaftlich nicht haltbar sind.

Mythos 1: »Rabenvögel rotten kleinere Singvögel und Niederwild (Rebhuhn und Hase) aus.« Beides gilt als widerlegt. Zwar räumen Rabenvögel auch Nester aus, jedoch hat die Natur diese Verluste eingepreist. Viel problematischer hingegen ist die menschengemachte hohe Dichte von Hauskatzen, der jährlich eine erhebliche Anzahl an Vögeln, Kleinsäugern und Reptilien zum Opfer fallen. Wer Singvögeln etwas Gutes tun will, vergrämt keine Rabenvögel, sondern achtet bei seiner Gartengestaltung auf Strukturreichtum, zum Beispiel in Form von vogelfreundlichen Mischhecken und Nistmöglichkeiten.

Mythos 2: »Die Bestände von Rabenvögeln explodieren.« Auch dies stimmt so nicht. Wissenschaftler beobachten keine Zunahme der Rabenvögel, denn die Brutreviere sind begrenzt, und damit stagniert auch die Fortpflanzung. Allerdings nehmen die Sichtungen der auffälligen Vögel im Siedlungsbereich zu, vor allem von Elstern, die in der freien Landschaft zunehmend weniger strukturreiche Landschaft vorfinden.

Die Elster, zu Unrecht als diebischer Langfinger verrufen, gilt als neugieriger und intelligenter Vogel. Ihre keckernden Laute kann auch der Laie gut zuordnen.

# 92 »Regenwürmer – na und?«

*Über völlig unterschätzte Untermieter*

Turmartige Kothäufchen, ein Leben unter Tage: Kinder finden Regenwürmer faszinierend. Das sollten auch wir Erwachsenen, denn eine reiche Regenwurmfauna ist ein entscheidendes Kriterium für fruchtbare Böden. Regenwürmer sorgen für vertikale Nährstoffverteilung, Bodenbelüftung und Wasserabzug. Diese im Laufe von Jahrzehnten oder gar Jahrhunderten entstandenen Strukturen können durch tiefgreifende Bodenbearbeitung und Verdichtung im Handumdrehen zerstört werden.

Regenwürmer besitzen wie wir Menschen rotes Blut und absorbieren Sauerstoff über die Haut. Über Lichtsinneszellen nehmen sie Helligkeitsunterschiede wahr, und mittels Tast- und Gravitationssinn finden sie sich unterirdisch zurecht. Bei Hitze und Trockenheit ziehen sie sich in tiefere Bodenschichten zurück. Täglich verlieren Regenwürmer rund 20 Prozent ihres Körpergewichts. Während sie den Winter in frostfreien Bereichen mit verlangsamtem Stoffwechsel überdauern, sind sie im Frühjahr und Herbst besonders aktiv. Regenwürmer sind Zwitter. Ihre Lebensdauer liegt zwischen drei und acht Jahren, allerdings besitzen sie zahlreiche Fressfeinde.

Trotz seiner beträchtlichen Regenerationsfähigkeit kann man einen Wurm natürlich nicht einfach teilen wie oft erzählt. Es müssen mindestens 40 Segmente des Vorderendes vorhanden sein, damit eine Regeneration überhaupt erfolgen kann. Aber auch dann ist der Tod durch eine Infektion sehr wahrscheinlich.

Zu der Frage, warum Regen die Würmer an die Oberfläche lockt, existieren verschiedene Theorien. Forscher der Carleton University im kanadischen Ottawa haben nachgewiesen, dass die auftreffenden Regentropfen eine Schwingung von 50 Hertz im Boden verursachen. Diese Frequenz scheint der eines grabenden Maulwurfs – eines der größten Fressfeinde – zu gleichen und die Würmer zur Flucht zu verleiten. Oberirdisch wird den Tieren dann häufig die UV-Strahlung oder ein Vogel zum Verhängnis.

Rein rechnerisch beläuft sich das Tunnelsystem allein der größeren Regenwürmer eines naturnah bewirtschafteten Bauernhofs mit 50 Hektar Fläche auf das Zehnfache des Erdumfangs!

# 93 »Kampf den Schnecken!«

*Warum Kämpfen der falsche Weg ist*

Der Sommer 2024 war besonders niederschlags- und damit auch extrem schneckenreich. In den Gartenforen wurde sich fleißig über Vernichtungsmethoden ausgetauscht: Bierfallen, Salz, Schneckenkorn, zerschneiden, einfrieren, verbrühen, auf die Straße legen, damit sie überfahren werden. Der Schneckenhass trieb in diesem Sommer hässliche Blüten.

Das allseits beliebte Schneckenkorn ist dabei extrem problematisch. Der Wirkstoff Metaldehyd ist nicht nur für Schnecken, sondern für Mensch und Tier generell hochgiftig. Das unter dem Label »bio« vertriebene alternative Schneckenkorn mit Eisen(III)-phosphat schädigt ebenfalls andere Organismen. Auch die Anreicherung von Schadstoffen in der Nahrungskette und eine Belastung des Trinkwassers machen die Verwendung von Schneckenkorn inakzeptabel.

Häufig wird auch das Absammeln von Schneckeneiern empfohlen. Das mag zunächst logisch klingen. Doch abgesehen davon, dass man hierbei leicht auch die Eier der geschützten Weinbergschnecke oder der harmlosen Bänderschnecke erwischt, dienen Schneckeneier vielen anderen Tieren wie Hundertfüßern, Kurzflüglern, Glühwürmchenlarven und Käfern als Nahrung. Die Eier fördern genau jene Tiere, die in der kommenden Saison wieder für uns auf Schneckenjagd gehen und dafür sorgen, dass wir keine Schneckenplage im Garten haben.

Statt Vernichtungsmethoden zu zelebrieren und mit dieser Art von »Schneckenmanagement« immer wieder auf die Nase zu fallen, macht es deutlich mehr Sinn, natürliche Fressfeinde in den Garten einzuladen, indem man entsprechende Strukturen für sie schafft. Käfer unterstützt man zum Beispiel mit einem Käferkeller, Igel mit Hecken und Reisighaufen. Schnecken fressen – was vielfach unbekannt ist – nicht nur Erdbeeren, Salatsetzlinge und Dahlien. Sie kümmern sich auch um Laub, Fallobst, Hinterlassenschaften anderer Tiere und Tierkadaver.

Schnecken (oben: Weinbergschnecke) sind wahre Kletterkünstler. Dass Tigerschnegel (unten) die Eier der unbeliebten Spanischen Wegeschnecke vertilgen, ist wissenschaftlich nicht belegt. Wohl aber, dass sie sich territorial gegenüber anderen Schnecken verhalten und an Ihrem Salat kein Stück interessiert sind.

# 94__»Spinnen? Die braucht doch keiner!«

*Ein Herz für acht Beine*

Wenn sich bei sinkenden Temperaturen vermehrt Spinnen in die Häuser zurückziehen, trifft man gern mal auf eine Winkelspinne, die mit ihrer Größe und Behaarung für einen Schreckmoment sorgt – auch bei Menschen ohne spezielle Spinnenangst. Noch häufiger begegnen uns in der Wohnung aber die zartgliedrigen grauweißen Zitterspinnen. Wird ein ungebetener Mitbewohner gesichtet, siegt oft der Impuls, ihn zu töten. Dabei tut es ein Glas plus ein Stück stabiles Papier, und der Untermieter ist ruckzuck und unversehrt draußen freigelassen.

Spinnen sind – anders als oft angenommen – keine Insekten. Leicht zu erkennen ist dies an ihrem Körperbau. Insekten besitzen stets einen dreiteiligen Körper und sechs Beine. Spinnen hingegen haben immer acht Beine und meistens auch acht Augen. Eine Ausnahme bildet hier die sechsäugige Springspinne, die sich ebenfalls in unseren Gärten finden lässt. Anders als Insekten haben Spinnen zudem keine Komplex-, sondern Punktaugen.

Wie alle Wildtiere nehmen auch Spinnen wichtige ökologische Funktionen ein. Die rund 1.000 in Deutschland vorkommenden Spinnenarten leben allesamt räuberisch von Insekten und anderen Kleintieren. Im Haus kümmern sie sich beispielsweise um Stechmücken und Stubenfliegen. Die unscheinbare Zitterspinne stellt hier übrigens der deutlich größeren Winkelspinne nach.

In letzter Zeit liest man immer wieder von der aus dem Mittelmeerraum stammenden und als »Giftspinne« bezeichneten Nosferatu-Spinne, die sich inzwischen in Mitteleuropa ausgebreitet hat. Auch hier gilt: keine Panik. Erstens wäre ein Giftbiss völlig harmlos, und zweitens wollen Sie ja nicht auf Kuschelkurs mit dem Tier gehen. Wenn Sie keine Spinnen in Ihren vier Wänden dulden, wählen Sie statt Zeitung, Staubsauger oder Fliegenklatsche ein Glas und lassen Sie das Tier draußen frei. Besinnen Sie sich nach dem ersten Schrecken darauf, dass alles Leben einzig eines will: leben.

Auch in Gärten gibt es mehr zu entdecken als die allseits bekannte Kreuzspinne mit ihrem hellen Doppelkreuz (Foto: Krabbenspinne).

# 95 »Kellerasseln fressen Wurzeln an.«

*Noch mehr Beine*

Der Glaube, Kellerasseln seien Pflanzenschädlinge, hält sich hartnäckig. Die wuseligen Tierchen erregen bei nicht wenigen Menschen Ekel und zählen zu den weniger gern gesehenen Gartengästen. Doch unabhängig davon, ob man sie nun eklig findet oder nicht: Was ist dran am Vorurteil, Asseln würden Pflanzen schädigen?

Nichts. Und das liegt daran, dass Kellerasseln sich hauptsächlich von abgestorbener organischer Substanz, etwa morschem, von Pilzen befallenem Holz, Insektenkadavern, Kot und Ähnlichem ernähren. Als Zersetzer tragen sie zur Humusbildung bei und erfüllen eine wichtige Funktion im Ökosystem. Nur im absoluten Ausnahmefall weichen sie auf lebendige Wurzeln oder Triebe aus, wenn sie nicht genug abgestorbenes Material vorfinden oder in Massen auftreten. In einem normalen Garten kommt dies jedoch nicht vor.

Landasseln, mit ihren bekanntesten Vertretern Mauer- und Kellerassel, zählen zu den Krebstieren und sind spannenderweise die einzigen Vertreter dieser Ordnung, die sich im Laufe der Evolution zu echten Landbewohnern entwickelt haben. Kellerasseln besitzen sieben Beinpaare, wobei Jungtiere das siebte Beinpaar erst nach mehreren Häutungen ausbilden. Ihre Kiemen befinden sich übrigens an den Hinterbeinen und müssen ständig mit einem Feuchtigkeitsfilm bedeckt sein. Generell sind Asseln sehr empfindlich gegenüber Austrocknung, da ihrem Körper eine isolierende Wachsschicht fehlt. Sie benötigen daher eine hohe Luftfeuchtigkeit, um zu überleben.

Wer ihnen im Keller begegnet, sollte sich weniger Gedanken wegen der Asseln als vielmehr Sorgen um eine zu hohe Luftfeuchtigkeit machen, da sie ungesunde Schimmelbildung begünstigt. Die Asseln selbst sind harmlos, können aber im Haus mangels Alternativen auf eventuell falsch gelagerte Vorräte wie Kartoffeln oder Äpfel ausweichen. Hier hilft nicht die Chemiekeule, sondern konsequente Beseitigung der Ursache von zu feuchter Raumluft.

Um alle Bedenken zu zerstreuen: Kellerasseln übertragen keinerlei Krankheiten und schädigen keine Pflanzen.

# 96__»Freigängerkatzen sind harmlos.«

*Erfolgreiche Jäger*

Katzen sind nach wie vor die unangefochtene Nummer eins unter den Haustieren. Über 15 Millionen Katzen leben in deutschen Haushalten. Ein beträchtlicher Teil davon sind sogenannte Freigänger. Und diese nehmen laut Studien erheblichen Einfluss auf die lokale Artenvielfalt.

Die hohe Katzendichte in Siedlungsgebieten ist ein Problem. Wer eine Freigängerkatze besitzt, wird in aller Regel bestätigen können, dass diese im Laufe ihres Lebens eine ungeheuer große Anzahl an toten oder halb toten Mäusen, Vögeln, Eichhörnchen und Eidechsen anschleppt. Forscher der Auburn University im US-Bundesstaat Alabama haben in einer Metaanalyse über 500 Studien berücksichtigt und kamen zu dem Ergebnis, dass frei laufende Katzen als geschickte Jäger mit breitem Beutespektrum weltweit eine erhebliche Bedrohung für ohnehin auf der Roten Liste befindliche Vogel-, Säugetier- und Reptilienarten darstellen. Nicht nur das Erbeuten ist ein Problem. Frei laufende Katzen übertragen zudem Krankheiten auf Wildtiere und verdrängen viele von ihnen aus ihren Lebensräumen.

Tierärzte, Tierheime und Päppelstationen zeigen immer wieder verletzte Wildtiere, die ohne Antibiose an infizierten Bisswunden sterben würden. Diese sind von außen mitunter gar nicht erkennbar, da sehr klein und sich schnell verschließend. Nachdem Katzen mit ihren Zähnen jedoch gefährliche Keime übertragen, bedeutet Katzenkontakt für die meisten Wildtiere auch bei scheinbar fehlender Verletzung den sicheren Tod.

Wer eine Freigängerkatze besitzt, tut also gut daran, ihren Freigang zu bestimmten Zeiten bewusst einzuschränken – etwa wenn Jungvögel ausfliegen. Schleppt die Katze beispielsweise ein verletztes Eichhörnchen an, so gehört dieses umgehend und ohne gut gemeinte Experimente in die Hände einer erfahrenen Pflegestelle. Tränken und Nisthilfen sollten katzensicher platziert werden.

Auch wenn es in der Natur der Katze liegt, zu jagen: Hauskatzen kommen nur durch den Menschen überhaupt im Ökosystem Garten vor. Es ist daher in menschlicher Verantwortung, den Schaden, den sie anrichten, möglichst gering zu halten.

# 97 »Meinem Boden geht es prächtig!«

*Der Tod unter Folie und Beton*

Boden ist mehr als der Untergrund, auf dem wir uns fortbewegen und Gebäude errichten. Unser Boden ist die Grundlage allen Lebens, und leblos ist er ganz gewiss nicht. Oder sagen wir: Er wäre es nicht, wenn wir ihn nicht als selbstverständlich erachten würden. Versiegelnde und bodenschädigende Maßnahmen führen jeden Tag zu irreversiblen Verlusten.

Die Aufgaben, die der Boden übernimmt, sind vielfältig. Erst in letzter Zeit rücken sie mehr in den Fokus. Ob Wasserspeicher oder -filter, Lebensraum für Flora und Fauna, Klimaanlage, Kohlenstoffspeicher und Versorger mit Nahrung für uns Menschen – ohne gesunde Böden ist Leben, wie wir es kennen, undenkbar.

Neben mineralischer Zusammensetzung, pH-Wert, Salzgehalt, Kalkgehalt und Wasserhaushalt spielt das Bodenleben eine wichtige Rolle. Ein gesunder Boden enthält Bakterien, Protozoen, Pilze, Algen und kleine Tiere wie Asseln, Tausendfüßler, Spinnentiere, Milben und natürlich Regenwürmer. Eine Handvoll Erde enthält mehr Lebewesen, als es Menschen auf der Erde gibt. Doch reiches Bodenleben und damit gesunde Böden sind bedroht: Verdichtung, Versiegelung, Erosion, Aufbringen von Nähr- und Schadstoffen, intensive Bewirtschaftung, Kontamination durch Altlasten und Verlust von Biodiversität gefährden unsere Lebensgrundlage. Keine Sanierungsmaßnahme der Welt kann diese Zerstörung wieder rückgängig machen. Täglich gehen allein in Deutschland 30 Hektar durch Versiegelung unwiederbringlich verloren.

Die gute Nachricht: Unser Gartenboden liegt in unserem Einflussbereich. Überall, wo wir auf Folien, Beton, schwere Maschinen, Pestizide, anorganische Düngung und Co. verzichten, leisten wir einen Beitrag zum Bodenschutz. Überall, wo wir Bodenleben durch das Belassen der Streuschicht und Bepflanzung nackten Bodens fördern, tragen wir aktiv zum Bodenschutz bei.

Folien- und Schottergärten werden je nach Kommune als teil- oder vollversiegelte Fläche eingestuft. Verdichtete Oberflächen und der Verlust an Bodenfruchtbarkeit sind nur zwei der vielen Negativfolgen.

# 98 »Ohne Humus läuft nichts.«

*Ein Hoch auf Magerkeit!*

Egal, ob neu gebaut wird oder die Menschen Blumenbeete anlegen: Immer wird reichlich Humus aufgeschüttet. Denn ohne Humus läuft schließlich nichts im Garten – oder doch? Nährstoffreicher Boden ist für den Anbau von Obst und Gemüse essenziell. Fruchtbare Böden sind die Voraussetzung für unsere Ernährung, weshalb wir ihnen gar nicht zu viel Aufmerksamkeit widmen können. Allerdings ist das nur die halbe Wahrheit.

Das Häuschen steht endlich und ist bezugsfertig. Doch beim Blick in den Garten verstört die Bauherren noch der Anblick von Sand, Kies und Schotter. Schließlich soll auch der Garten so schnell wie möglich »fertig« werden. Also weg mit der Buckelpiste im Außengelände und her mit Oberboden, den man auf das planierte Gelände nach dem Gießkannenprinzip verteilt. Was den Neugartenbesitzern niemand sagt: Wenn der Garten kein Selbstversorgerparadies werden soll, ist der ganze Humus gar nicht notwendig!

Schon vor der Auswahl von Pflanzen werden oftmals zahlreiche Gartengestaltungschancen vergeben. Man deckt mit der Humusaufschüttung wertvollen Rohboden durch – meist unkrauthaltigen – Oberboden ab. Dadurch entstehen nur nährstoffhaltige Pflanz- und Saatflächen, die die Artenvielfalt von Flora und Fauna von vornherein einschränken. Sand, Kies und Schotter sind perfekte Magersubstrate für die Anpflanzung vieler trockenheitsverträglicher Wildstauden und können wunderbar in die Gestaltung integriert werden. Durch die Einebnung vergibt man zudem die Chance auf Modellierung und damit auf Strukturvielfalt und Schaffung verschiedener Kleinbiotope.

Magere Standorte ohne Bäume, Büsche oder Düngeeintrag mit vielfältiger Flora und Fauna finden wir in der Natur immer seltener. Im Garten können wir entsprechende Beete in Sonne oder Halbschatten mit ganz einfachen Mitteln, variantenreicher Gestaltung und einer großen Auswahl an Pflanzen anlegen.

Magerstandorte sind perfekt für pflegearme Staudenbepflanzung (oben) oder Blumen-Schotterrasen (unten) geeignet. Damit sie mager bleiben, sollte eingetragenes Laub an andere Stellen verbracht beziehungsweise das Mahdgut der ein- bis zweimal jährlichen Mahd nach dem Aussamen entfernt werden.

# 99__»Rindenmulch macht alles fein.«

*Warum Mulch nicht gleich Mulch ist*

Mulch gilt im Standardziergarten fast schon als Must-have für eine gepflegte Optik. Außerdem soll er Unkrautbewuchs unterdrücken und den Boden vor Austrocknung schützen. Doch geht diese Rechnung auf?

Rindenmulch ist ein Abfallprodukt der Forstwirtschaft. Was genau in einem Rindenmulchsack landet, unterliegt keiner gesetzlichen Regelung. Es könnten also auch andere Holz-Pflanzenstoffe enthalten sein. Leider ist Rindenmulch häufig mit Cadmium, einem giftigen Schwermetall, belastet. Dieses kommt in Gestein und Böden natürlich vor und wird durch die zunehmende Versauerung der Waldböden (vor allem in Fichtenholzbeständen) gelöst, über die Wurzeln aufgenommen und in der Rinde eingelagert. So gelangt Cadmium ungewollt auch in unseren Garten.

Durch den Verrottungsprozess entzieht Rindenmulch dem Boden Stickstoff, der dann den Pflanzen fehlt. Manche Gewächse, besonders Flachwurzler, vertragen den Mulch nur schlecht. Bei längerer Feuchtigkeit und dickeren Schichten kann es zudem zu unerwünschter Schimmelbildung kommen. Viele Gartenbesitzer stellen bei der Nutzung von Rindenmulch ein erhöhtes Aufkommen von Nacktschnecken in ihrem Garten fest. Doch auf welche Alternativen kann der Gärtner setzen?

In der Natur gibt es keine nackten Böden. Hier schützen Vegetation und Laub vor Verdunstung, Erosion oder Bodenverschlämmung. In dieser Streuschicht befindet sich reges Bodenleben, wertvoller Humus entsteht. In Staudenbeeten kann die Einsaat von einjährigen Pflanzen den Boden schützen, bis sich eine geschlossene Vegetationsdecke gebildet hat. Unter Sträuchern und Gehölzen bietet eine standortangepasste Unterpflanzung einen optischen und ökologischen Mehrwert. In Obst- und Gemüsebeeten hat Rindenmulch generell nichts verloren. Stroh oder Mulchwürste aus Grasschnitt leisten hier wertvolle Dienste.

Laub, Gras- oder Grünschnitt, Rindenmulch (oben), Holzschnitzel (unten) und Stroh – sie alle können als Mulchmaterial dienen. Entscheidend sind immer Einsatzort und Zweck.

# 100 »Das Laub muss weg!«

*Gute Gründe dagegen*

Jeden Herbst das gleiche Getöse: Mit Laubbläser und -sauger sollen schnell und gründlich die Laubmassen entfernt werden. Doch leider ist der Lärm dabei noch das geringste Problem. Die negativen Auswirkungen der motorisierten Helfer wurden bereits in Kapitel 10 kurz angerissen. Neben der erwähnten Lärmbelastung von über 100 Dezibel stoßen verbrennerbetriebene Geräte gesundheitsschädliche Abgase wie Kohlenwasserstoffe, Stickoxide und Kohlenmonoxid aus. Doch auch die leiseren, emissionsfreien Akkuvarianten schädigen die Bodenbiologie: Spinnen, Insekten und andere Kleinstlebewesen werden getötet, bodennah lebende Wildtiere werden ihres Lebensraums oder ihrer Überwinterungsmöglichkeit beraubt, Pflanzensamen werden entfernt oder zerstört. Außerdem kommt es nicht zur Humusbildung, und dem Boden fehlt die Deckschicht, die ihn vor Austrocknung und Kälte schützt.

Wenig bekannt ist, dass Laubbläser und -sauger unter anderem Mikroben, Pilzsporen, Pollen, Tierkot, Dieselruß, Abrieb von Reifen und Bremsen aufwirbeln. Untersuchungen haben ergeben, dass der Luftkeim- und Feinstaubgehalt in der näheren Umgebung teilweise bedenklich steigt, sodass die Qualität unserer Atemluft und damit unsere Gesundheit leidet. Unmotorisierte Helfer wie Rechen, Harke und Besen sind also aus vielerlei Gründen die deutlich sinnvolleren Alternativen.

Wohin nun aber mit dem Laub? Während es von Gehwegen schon aus Gründen der Sicherheit entfernt werden muss, sollte es im Garten in den Beeten verteilt werden (außer im Magerbeet, → Kapitel 98) oder in der wilden Ecke so geparkt werden, dass der nächste Windstoß es nicht gleich wieder in alle Richtungen verteilt. Stöcke beziehungsweise Astschnitt können bei der Sicherung helfen.

Wer immer noch so viel Laub hat, dass er Teile auf dem Kompost verrotten lassen möchte, sollte darauf achten, dass er das Laub antrocknen lässt, da dicke, verklebte Laubschichten die Rotte hemmen.

Im und vom Laub profitieren nicht nur zahlreiche Wildtiere: Auch unsere Böden benötigen die Streuschicht.

# 101 »Der Boden muss umgegraben werden.«

*Die sinnvolle Anschaffung Sauzahn*

Der Glaube, im Frühjahr zunächst einmal fleißig die (Gemüse-) Beete umgraben zu müssen, hält sich hartnäckig. Es soll ja alles schick und aufgelockert sein, ehe die Neupflanzung für die nächste Saison einzieht. Mit dem Wenden der oberen Bodenschichten gerät jedoch Wertvolles durcheinander.

Die Erkenntnis, dass in einer Handvoll Erde mehr Organismen stecken, als Menschen auf der Erde leben, macht demütig. Bodenflora und -fauna bilden ein komplexes System. Bakterien, Einzeller, Algen, Pilze, Milben, Regenwürmer und Co. finden die für sie notwendigen Lebensbedingungen in bestimmten Bodentiefen vor. Ihr Zusammenspiel sorgt für eine gesunde Bodenstruktur. Das Umgraben stört jedoch dieses sensible Gefüge und führt dazu, dass viele Bodenlebewesen in der Folge absterben. Auch wenn sich das System wieder regeneriert: Zunächst kommen wertvolle Stoffwechselprozesse zum Erliegen. Außerdem werden durch das Umgraben keimfähige Samen aus tieferen Bodenschichten ans Licht befördert, die nun sofort »loslegen« wollen.

Wer ein neues Beet anlegen möchte oder extrem verdichteten Boden vorliegen hat, kommt allerdings an einer größeren Buddelaktion nicht vorbei. Bereits etablierte Beete hingegen können nach dem Abernten im Spätsommer oder Herbst mit Herbstlaub und halb reifem Kompost gemulcht werden. So wird der Boden den Winter über geschützt. Im Frühjahr kann diese Mulchschicht auf den Kompost wandern.

Ein bodenschonendes Werkzeug, das aus dem biologischen Anbau nicht wegzudenken ist, ist der Sauzahn. Anders als Spaten und Grabgabel, mit denen man den Boden wendet, dient dieses sichelförmige Werkzeug der groben Bodenlockerung, ohne dass das Bodengefüge umgeschichtet wird. Zur Bodenbelüftung kann man außerdem mit der Grabgabel in den Boden stechen und die Gabel leicht vor und zurück bewegen.

Mit einem Sauzahn lockert man den Boden schonend für das Bodenleben und zudem rückenfreundlich.

# 102 »Kompost stinkt doch nur!«

*Wenn sich der Kreislauf schließt*

Manche schwören auf Kompost, andere schreckt der Gedanke an Platzbedarf, Aufwand und eine mögliche Geruchsbelästigung ab. Wohin im kleinen Garten? Wie geht das überhaupt genau? Und was, wenn es mieft? Schwarzes Gold hin oder her, Humus gibt es doch überall zu kaufen …

Kompostieren ist Nachhaltigkeit in Reinform. Wer nur erntet und nichts zurückgibt, betreibt Raubbau an der Erde. Wer das mit Kunstdünger oder säckeweise Baumarkterde (eventuell mit Torf) auszugleichen versucht, setzt ebenfalls auf Ausbeutung. Nährstoffe von Grünabfällen aus dem Garten zu entfernen und sie als Komposterde wieder zuzuführen schließt hingegen den Stoffkreislauf. Dass der Garten von Zukäufen autark wird, Transportwege sowie Deponienotwendigkeit entfallen und keine Giftstoffe eingebracht werden, macht den Kompost interessant. Denn er ist nicht nur Dünger und Wasserspeicher, er verbessert auch die Bodenstruktur und aktiviert das Bodenleben.

Doch geht das auch ohne Drei-Kammer-System und Umsetzen? Die gute Nachricht ist: Auch in einem einzigen Behältnis, zum Beispiel einem recht platzsparenden Schnell- oder Thermokomposter, kann ein Kompost ohne größere Umsetzungs- und Umschichtungsmaßnahmen reifen. Dieser wird über eine Klappe befüllt, ist also geschlossen. Die fertige Komposterde wird später über eine zweite, bodennahe Klappe entnommen. Zwei Quadratmeter im Halbschatten reichen dafür vollkommen aus. Um organisches Material abzubauen, benötigen die beteiligten Mikroorganismen – Bakterien, Pilze, Protozoen –, die den Kompost vom Boden her besiedeln, ausreichend Feuchtigkeit und Sauerstoff. Eine gute Durchlüftung ist für den Rotteprozess ohne Fäulnis und damit ohne Geruch entscheidend. Hier hilft es zum Beispiel, gröbere Ast- oder Strauchschnitteinlagen in die Schichtung einzubringen. Auch sollten nicht zu dicke Schichten Grasschnitt, Laub oder Küchenabfälle aufgebracht werden.

Ob offener Kompost oder Schnellkomposter – zur Beurteilung der Kompostreife schwören manche Gärtner auf den Kressetest: Keimt Kresse auf der Kompostprobe reichlich und grün, ist er reif zum Ausbringen.

# 103 »Mit Torferde wächst das besser.«

*Ein ökologisches Debakel*

Immer noch befindet sich in handelsüblicher Blumenerde jede Menge Torf. Allein in Deutschland landet jährlich ein Viertel der rund zehn Millionen Kubikmeter verbrauchten Torfs in Beeten, Töpfen und Kübeln von Hobbygärtnern. Das Label »torfreduziert« beziehungsweise »torfarm« täuscht darüber hinweg, dass auch diese Substrate teils große Mengen an Torf enthalten. Doch wo liegt das Problem?

Torf gilt als guter Wasserspeicher. Auch lässt sich sein pH-Wert und Nährstoffgehalt – je nach zu kultivierender Pflanze – flexibel einstellen. Obendrein ist trockener Torf leicht, was ihn gut transportierbar macht.

Doch diese Vorteile sind teuer erkauft. Torf ist eine endliche Ressource. Durch seinen weltweiten Abbau werden nicht nur Lebensräume von seltenen und vom Aussterben bedrohten Tieren und Pflanzen unwiederbringlich zerstört. Mit jedem kaputten Moor geht ein wichtiger Kohlenstoffspeicher verloren. Gleichzeitig setzt die Entwässerung der Moore große Mengen an $CO_2$ frei, die das intakte Moor im Boden gespeichert hat. Abgetorfte Moore erfolgreich zu renaturieren ist nahezu unmöglich. Die Tatsache, dass man nach dem Rückgang des Torfabbaus in Deutschland die Torfressourcen anderer Länder plündert, ist bedenklich und offenbart eine völlig kurzsichtige Betrachtungsweise der Problematik.

Dabei gibt es längst in jedem Gartencenter gänzlich torffreie Alternativen. Für diese Gartenerden nutzen die Hersteller eine Mischung aus Kompost und Fasern (Kokos oder Holz), angereichert mit Zusatzstoffen wie Tonmineralen, Lavagranulat, Xylit und Naturdünger, die je nach Hersteller und Zweck variieren. Wer auf heimische, robuste Pflanzenarten setzt, kann generell auf Torferde verzichten. Stattdessen kann ein eigener Kompost dabei helfen, den Kreislauf innerhalb des Gartens zu schließen und eine ausreichende Nährstoffversorgung der Pflanzen ohne den Zukauf von (oft torfhaltiger) Erde zu gewährleisten.

Der Raubbau an den Torfmooren im In- und Ausland belastet unsere Umwelt schwer.

# 104 »Ohne Dünger wird das nichts.«

*Warum Dünger vielfach verzichtbar ist*

Damit Pflanzen wachsen können, benötigen sie neben Licht und Wasser Mineralien und organische Stoffe in dem für sie richtigen Verhältnis. Als einfache Lösung erscheint hier der Griff zum Kunstdünger, also mineralischen beziehungsweise Stickstoffdünger. Er ist in jedem Baumarkt und Gartencenter erhältlich. Und schließlich ist Düngen doch das A und O, damit es im Garten sprießt und gedeiht – oder? Was vielen Anwendern nicht bewusst ist: Kunstdünger schadet nicht nur dem Boden und den Ökosystemen, sondern auch dem Klima. Doch der Reihe nach.

Mineralische Düngemittel werden – anders als organischer Dünger – synthetisch hergestellt. Dies ist mit einem enormen Energieaufwand verbunden, der zu schädlichen Emissionen führt. Die Grundlage für den Dünger selbst ist Erdgas. Dessen Verbrennung produziert große Mengen an klimaschädlichem $CO_2$. Durch Unfälle und Lecks an Gasförderanlagen kann zusätzlich das noch problematischere Treibhausgas Methan austreten. Zum anderen sind die Nährstoffe im Dünger für die Pflanzen zwar schnell verfügbar und lassen diese rasch wachsen. Allerdings werden sie dadurch anfälliger für Schädlinge und Krankheiten. Auch geben Kunstdünger dem Boden keine Nährstoffe zurück und werden oft schnell ins Grundwasser ausgewaschen.

Mineralische Düngemittel schädigen also längerfristig den Boden samt den sichtbaren und unsichtbaren Bodenlebewesen. Obendrein beinhalten manche dieser Mittel auch noch giftige Schwermetalle (→ Kapitel 105). Am Ende landet so im schlechtesten Fall selbst angebautes Obst und Gemüse auf unserem Teller, das unserer Gesundheit schadet.

Im eigenen Interesse und in dem der tierischen Gartenmitbewohner sollten wir also auf Kunstdünger unbedingt verzichten. Der Garten selbst bietet alle Möglichkeiten, durch Kompostieren und Grünschnittdüngung dem Boden und uns selbst Gutes zu tun.

Flüssiger Kunstdünger oder besser Pferdemist? Wer kompostiert, kann auf beides verzichten. Und wer ein Magerbeet anlegt, kann selbst Humus entbehren.

# 105 »Dünger ist streng geprüft.«

*Gefährliche Überraschung*

Der Einsatz mineralischer Düngemittel in flüssiger oder auch fester Form auf dem Rasen oder in Beeten ist für viele Gartenbesitzer selbstverständlich. Schließlich braucht ein grüner Rasen nicht nur viel Wasser, sondern auch regelmäßige Nährstoffgaben. Und frei nach dem Motto »Viel hilft viel« wird oft auch in den Beeten nicht mit Düngergaben gegeizt. Die hierfür verkauften Volldünger – auch NPK-Dünger genannt – liefern Natrium, Phosphat und Kalium. Was der Verbraucher jedoch nicht ahnt: Häufig enthalten sie neben einer Reihe bedenklicher Stoffe auch hohe Mengen an radioaktivem Uran, das als toxisches Schwermetall die Nieren schädigen kann und als krebserregend gilt.

Uran kommt natürlicherweise und in unterschiedlichen Konzentrationen und Verbindungen in Gesteinen, Mineralien, im Wasser, der Luft und im Boden vor. Phosphat dient als Dekontaminationsmittel von Uran, da es Uran bindet. Dies erklärt auch die hohen Konzentrationen von Uran, die man in Phosphatdüngern nachgewiesen hat. Die Belastung hängt dabei laut Experten von der Lagerstätte des Phosphors ab.

Uranwerte in Düngemitteln sind (Stand: Oktober 2024) nicht kennzeichnungspflichtig. Das gesundheitliche Risiko, das von Uran ausgeht, findet in den Gesetzen noch keine angemessene Berücksichtigung. Auch Forscher an der TU Braunschweig weisen seit Jahren auf die Gesundheitsgefahren hin, die von der Anreicherung von Uran und auch Cadmium durch phosphathaltige Düngemittel ausgehen. Das Umweltbundesamt benennt auf seiner Webseite bestehende Probleme und Defizite, beispielsweise was einen verbindlichen Grenzwert für Uran in Phosphatdüngern angeht. Stichproben von Düngemitteln ergaben eklatante Abweichungen von den durch das Bundesamt für Umwelt empfohlenen Grenzwerten. Noch ein entscheidender Grund mehr, auf organische Düngung oder ganz auf eigenen Kompost zu setzen.

Ob granuliert, als Stäbchen oder flüssig – Kunstdünger kommt in allerlei Gestalt daher. Doch immer gilt: Im Garten hat er nichts zu suchen.

# 106 »Nimm doch Kaffeesatz!«

*Gehypte Getränkereste*

Kaffeesatz zählt mit Sicherheit zu den am häufigsten empfohlenen »Wundermitteln« für den Einsatz im Garten. Ob als Dünger, gegen Schnecken oder als Kompostierungsbeschleuniger. Doch was ist wirklich dran an dieser Allzweckwaffe?

Auf dem Kompost soll der Kaffeesatz den Verrottungsprozess fördern und Nährstoffe liefern. Dieser wird allerdings durch unzählige Mikroorganismen und andere Destruenten vorangetrieben. Kaffeesatz ist damit eigentlich überflüssig.

Im Einsatz gegen Schnecken wird Kaffeesatz ebenfalls gepriesen. Hier ist wohl eine amerikanische Studie aus dem Jahr 2002 Ausgangspunkt, bei der Schnecken mit Kaffee besprüht wurden. Koffein wirkt als Nervengift auf sie. Für Kaffeesatz gilt dies jedoch nicht unbedingt, denn die meisten Gärtner stellen fest, dass die Schnecken einfach über ihn hinwegkriechen. Dies liegt daran, dass der Koffeingehalt im Kaffeesatz deutlich reduziert ist. Koffein ist zudem wasserlöslich und wird bei Regen ausgespült. Wer nun daran denkt, einfach starken Kaffee zu verwenden, sollte sich vergegenwärtigen, dass Kaffee wie jede andere ausgebrachte Substanz unspezifisch wirkt, also auch viele andere Tiere schädigt, zum Beispiel Regenwürmer, Gehäuseschnecken oder Insekten.

Kaffeesatz wird zudem zur Ansäuerung des Bodens empfohlen, etwa für Pflanzen wie Rhododendren, Hortensien oder Heidelbeeren. Auch die Farbe von Hortensien soll er beeinflussen. Allerdings hat Kaffeesatz – im Gegensatz zum Kaffee – einen eher neutralen pH-Wert. Wird er warm und feucht ausgebracht, bildet sich zudem leicht Schimmel. Die Empfehlung, Kaffeesatz als Mulch zu verwenden, lässt sich ebenfalls nicht halten. Abgesehen von der potenziellen Schädigung des Bodenlebens neigt er nämlich zum Verklumpen und macht den Boden dichter statt durchlässiger. Kaffee ist also kein Wundermittel für unseren Garten, und wir tun diesem keinen Gefallen, wenn wir Kaffeesatz darin sorglos verteilen.

Kaffeesatz – lange als Wundermittel im Garten gepriesen – hält bei genauem Blick nicht, was seine Anwendung verspricht.

# 107_»Gieß halt einfach!«

*Wassermanagement wird wichtiger*

Hauptsache, gegossen, denkt sich mancher Gärtner. Doch in Zeiten, in denen wir die kostbare Ressource Wasser sinnvoll nutzen sollten, stellt sich die Frage: Gießen ja – nur wie und wann?

Sommerliche Bewässerung verschlingt viel Leitungswasser. Vor allem für dauerhaft grüne Rasenflächen setzen viele Gartenbesitzer auf den unökonomischen Rasensprenger. Dabei erholt sich der Rasen schon beim nächsten Regen von selbst. Außerdem gilt: Je kürzer der Rasen, desto mehr Wasser verdunstet. Doch während man den Rasen künftig sich selbst überlässt – wie gießt man eigentlich seine Pflanzen richtig?

Es gelten folgende Grundsätze: Lieber seltener und mehr gießen. Das Wasser kann so tiefer ins Erdreich eindringen, es verdunstet weniger, und man spart zudem Zeit. Der sinnvollste Gießzeitpunkt ist der frühe Morgen. Der Boden ist dann noch kühl und nicht vom Tag aufgeheizt, das reduziert Verdunstungseffekte. Natürlich sollte man auch auf den Wetterbericht achten. Der Boden kann nur acht bis zehn Liter pro Stunde aufnehmen. Hier empfiehlt sich ein zweiter Gießdurchgang nach einer kleinen Pause. Mulchen mit Grasschnitt hält vor allem den Bereich unter Sträuchern feucht. Der Gebrauch heller statt dunkler Töpfe und Pflanzgefäße mit Drainage und/oder doppeltem Boden verringert die Verdunstung. Trockenheitsresistente Pflanzen kommen ohne ständige Bewässerung aus. Gelegentliches leichtes (!) Harken der Oberfläche reduziert Kapillareffekte und damit ebenfalls die Verdunstung. Man sollte nicht auf die Pflanzen, sondern auf das Erdreich gießen. Böden sollten niemals »nackt« bleiben. An- und Unterpflanzungen sowie Einsaaten schützen sie – auch vor Verdunstung.

Wer das Regenwasser mit platzsparenden Regentonnen an den Fallrohren oder anderen Ablaufstellen auffängt, verhindert, dass das kostbare Nass in den Gullys verschwindet, und reduziert den Verbrauch von Leitungswasser enorm. Bei Neubau oder Sanierung sollten Zisternen gleich mitgedacht werden.

Cleveres Wassermanagement wird in Zukunft weiter an Bedeutung gewinnen. Dazu gehört auch, sich schon bei der Anpflanzung Gedanken über den Wasserbedarf von Pflanzen zu machen.

# 108 »Ein Nutzgarten ist nur was für Profis.«

*Vom Rantasten und Ausprobieren*

Ob Tomaten, Erdbeeren oder Pflücksalat – es gibt wohl kaum jemanden, der nicht schon einmal versucht hat, irgendetwas Essbares im Garten oder auf dem Balkon anzubauen. Manche Menschen sind dabei äußerst erfinderisch: Gärtnern in ausrangierten Badewannen, Bäckerkisten, alten Regenfässern, Eimern und natürlich das immer beliebtere Hochbeetgärtnern liegen voll im Trend.

Auch ein Nutzgarten oder ein, zwei Gemüsepflanzen in Töpfen sind, wie so vieles im Garten, ein Experimentierfeld. Die einen wälzen vorab Fachliteratur, andere gehen es nach dem Prinzip »Versuch und Irrtum« an. Die komplette Selbstversorgung setzt eine entsprechende Anbaufläche voraus und ist wohl nur den allerwenigsten Hobbygärtnern möglich. Aber warum nicht einfach mit wenigen Pflanzgefäßen beginnen und von den eigenen Erfahrungen (und jenen anderer) profitieren? Superbeete (→ Kapitel 110) bieten bei entsprechendem Platzangebot maximale Flexibilität.

Besonders mit Kindern macht der Anbau von Obst und Gemüse Freude. Denn wer Tomaten und Salat wachsen sieht, bekommt ein völlig anderes Gefühl dafür, was die Erzeugung von Lebensmitteln bedeutet. Gewachsen in Wochen, sind sie mit einem Happs verspeist.

Wer wenig Zeit und Muße hat, kann zum Beispiel mit ausgepflanzten Beerensträuchern wie Josta – einer unbedornten Kreuzung aus Johannis- und Stachelbeere – nicht viel falsch machen. Sie tragen recht zuverlässig und brauchen, abgesehen von ausreichend Wasser bei starker Trockenheit, keinerlei Pflege. Wer platzsparend gärtnern muss, kann beispielsweise Kartoffeln im Eimer mit Abzugsloch anbauen. Einfach hierfür im Frühling ein größeres Pflanzgefäß mit Erde füllen, ausgewachsene Kartoffeln einsetzen und abwarten, bis das Kraut im Herbst abstirbt und die Kartoffeln erntereif sind. Mehr als ein, zwei Mahlzeiten lassen sich damit zwar nicht bestreiten, aber dafür schmecken die Kartoffeln aus eigenem Anbau einfach doppelt so gut.

Ob Kartoffeln in der ausrangierten Regentonne oder der Anbau von Beerensträuchern (hier Johannisbeere): Es braucht nicht viel Wissen, um ein wenig Obst und Gemüse ernten zu können.

# 109 »Obst und Gemüse? Viel zu aufwendig!«

*Über Kreisläufe und Unabhängigkeit*

Warum sollten wir in unseren Gärten eigentlich Obst oder Gemüse anbauen, wenn es in den meisten Fällen nicht im Ansatz zur Selbstversorgung reicht? Sechs Kohlrabis, etwas Pflücksalat und eine Kiste Äpfel sind quantitativ natürlich nichts, was eine vierköpfige Familie ernährt. Dennoch sprechen gute Gründe dafür, eigene Nahrungsmittel zu kultivieren.

Obst und Gemüse aus dem Garten punktet immer mit Frische. Ohne die im Handel üblichen langen Transportwege wandern Lebensmittel hier buchstäblich direkt in den Mund. Abgesehen davon, dass Frisches besser schmeckt, kann man sich sicher sein, dass keinerlei Chemie im Spiel ist. Wer zusätzlich auf eigenen Kompost und eigene Ansaat setzt und auf künstliche Düngemittel verzichtet, erzeugt gesunde, pestizidfreie Lebensmittel.

Gärtnern mit Kindern leistet außerdem einen wichtigen Beitrag zu deren Umweltbildung und Entwicklung (→ Kapitel 43). Wer selbst aktiv wird und dabei aus nächster Nähe erfährt, wie Lebensmittel entstehen und dass hinter jedem Karöttchen auch jemand steckt, der es anbaut, pflegt und erntet, erhält einen anderen Bezug zu Nahrungsmitteln. Nirgendwo kann man Nachhaltigkeit besser vor- und erleben als im eigenen Garten. Doch nicht nur Kinder, sondern auch Erwachsene können sich hier entfalten. Beide sammeln gleichermaßen Wissen und Erfahrung und spüren das Gefühl von Selbstwirksamkeit.

Jedes Lebensmittel, das nicht transportiert werden muss, saisonal geerntet werden kann und keine Kühlung, Begasung oder Ähnliches benötigt, leistet einen Beitrag zur Reduzierung der $CO_2$-Emissionen. Die Kostenersparnis variiert natürlich je nach Herangehensweise. Wer mit eigenem oder getauschtem Saatgut arbeitet, vielleicht den ein oder anderen Obstbaum beerntet, keine teuren Setzlinge einkauft und eigenen Kompost verwendet, wird nicht nur unabhängiger, sondern spart am Ende tatsächlich.

Gartenarbeit erdet. Wer die Früchte seiner Arbeit erntet, macht sich selbst in vielerlei Hinsicht ein Geschenk.

# 110 »Beet ist Beet.«

*Multifunktionale Beetvarianten*

Seit einigen Jahren ist das Hochbeet die favorisierte Beetform vieler Gärtner. Doch ist das alles, was uns für den Anbau von Obst, Gemüse, Kräutern oder auch Blumen als Alternative zum herkömmlichen ebenerdigen Beet zur Verfügung steht?

Tatsächlich gibt es deutlich mehr Optionen. Die klassische Kräuterspirale ist inzwischen etabliert. Auch platzsparende vertikale Beete, etwa für Terrasse und Balkon, erfreuen sich immer größerer Beliebtheit. Es existieren jedoch äußerst interessante Beet-Optionen, von denen Sie möglicherweise noch nie gehört haben. Die Rede ist von sogenannten Superbeeten, die durch Modellierung nicht nur einen Flächen-, sondern auch einen Funktionsgewinn mit sich bringen (→ Kapitel 18). Sie können für Gemüse- und Obstanbau mit Humus oder stattdessen zur Pflanzung einer Vielzahl von Wildstauden auch mit Drainagekern und magerem Substrat wie Sand beziehungsweise Kalkschotter gefüllt werden.

Beim Vulkanbeet handelt es sich um ein recht simples Hügelbeet mit mittig integriertem Kompost und einer Umrandung aus Totholz oder Steinen. Durch die innerlich ablaufende Rotte entsteht Wärme, die das Wachstum – etwa von Zucchini oder Kürbis – begünstigt. Das Mondsichelbeet bietet sich bei nicht zu steilen Hanglagen an. Es ist eine sichelförmige, dem Hang vorgelagerte Terrassierung. Zum Bau eignen sich beispielsweise versetzt platzierte Steine oder Ziegel. Allerdings braucht es hier etwas Übung und Erfahrung, um eine stabile Konstruktion hinzubekommen.

Das Schlüssellochbeet, besonders geeignet für Gemüseanbau, hat einen Zugang zum in der Mitte liegenden Komposthaufen, wodurch sich die Schlüssellochform ergibt. Das Kraterbeet ist eine wärmebegünstigende Beetform, die das Gelände nach unten terrassiert und als Mager- oder Ertragsbeet gleichermaßen attraktiv ist. Genaueres zu diesen Beetvarianten, ihrem Aufbau und den Nutzungsmöglichkeiten findet sich bei Markus Gastl (→ Literaturverzeichnis) oder unter www.hortus-netzwerk.de.

Ob Schlüssellochbeet (oben) oder Kraterbeet (unten): Superbeete sind in der Regel kostengünstig und superflexibel, was ihre Nutzung anbelangt.

# 111 »Da passt aber doch nichts hin!«

*Raumwunder für Balkon und Terrasse*

Von Platzmangel im kleinen Garten können gerade Menschen in der Stadt ein Lied singen. Mancher ist glücklich, überhaupt einen Balkon zur Verfügung zu haben. Aber auch noch alles mit Töpfen vollstellen, wenn man sich auf einem Meter Breite ohnehin schon durchquetschen muss? Da bleibt nur die Option, die Vertikale möglichst platzsparend zu nutzen.

Neben Pflanztürmen stehen vor allem Etagenhochbeete – selbst gebaut oder fertig gekauft – hoch im Kurs. Die Modelle reichen von einfach bis ausgefeilt in puncto Be- und Entwässerung, Neigung der Pflanzeinsätze und Haltbarkeit. Hochwertige Bausätze für Vertikalbeete sind meist entsprechend kostenintensiv, versprechen aber auch eine gute Chance, tatsächlich nennenswerte Ernteerfolge vorzuweisen. Wer diese Summe nicht aufbringen kann oder will, findet zahlreiche Anleitungen zum Selbstbauen.

Auch das vertikale Gärtnern ist ein Experimentierfeld. Einige grundsätzliche Dinge sollten dabei beachtet werden: Ohne ausgefeilte Bewässerung muss besonders in Südlagen ausreichend gegossen werden. Es sollte kein überschüssiges Wasser in den Pflanzeinsätzen stehen. Salat benötigt mehr Wasser als etwa Erdbeerpflanzen. Mediterrane Kräuter mögen es hingegen eher trockener und weniger humos, dafür besonders sonnig, weshalb sie am besten in der oberen Etage Platz finden. Ein Vertikalbeet schafft die Möglichkeit, auf die verschiedenen Bedürfnisse der Pflanzen einzugehen, auch was Erdzusammensetzung und Lichteinfall betrifft. Klar ist aber, dass die Bedingungen andere als im Garten sind: Wenig Substrat, gegebenenfalls starke Sonneneinstrahlung und/oder Wind fordern heraus. Wer einen eher schattigen Balkon bepflanzen möchte, wird beim Anbau von Obst und Gemüse wahrscheinlich wenig Glück haben. Standortangepasste Wildstauden hingegen gedeihen auch an schattigeren, windexponierten Stellen.

Platznot macht erfinderisch: Eigener Anbau auf kleinstem Raum, ein Pflanzregal – hier in der Luxusvariante – macht es möglich.

**Abmagern:** Hier wird humoser Boden mit Sand und/oder Kalksplitt vermischt, damit er weniger Nährstoffe enthält und (Wild-)Pflanzen mit Vorliebe für magere Standorte dort gedeihen können. Das trifft in Mitteleuropa auf rund 1.300 heimische Wildpflanzen zu.

**Benjes- oder Totholzhecke:** Schnittgut, also Äste und Zweige von Sträuchern und Bäumen, werden lose und in Längsrichtung zwischen angespitzten und senkrecht eingeschlagenen Holzpfählen geschichtet. Dadurch entsteht eine heckenähnliche Struktur, die unter anderem vielen Wildtieren Lebensraum bietet und zudem als Zaunersatz und Windschutz dienen kann. Die Dimensionen sind variabel.

**Biodiversität:** auch »biologische Vielfalt« genannt, umfasst die Vielfalt der Arten, die genetische Vielfalt innerhalb der Arten und die Vielfalt der Ökosysteme.

**Ein-, zwei-, mehrjährige und ausdauernde Pflanzen:** Einjährige Pflanzen werden im Frühjahr gesät und blühen in der gleichen Vegetationsperiode, während zweijährige Pflanzen für die einmalige Blüte zwei durch Kälte oder Trockenheit getrennte Vegetationsperioden benötigen. Ein- und zweijährige Pflanzen versamen meist reichlich. Echte mehrjährige Pflanzen benötigen mehr als zwei Vegetationsperioden für die einmalige Blüte. Alle anderen Pflanzen werden als ausdauernd bezeichnet. Sie blühen und fruchten jedes Jahr wieder, selbst wenn die oberirdischen Teile den Winter über absterben.

**Habitatbaum:** auch »Biotopbaum« genannt, bezeichnet einen Baum, der für Tiere, Pflanzen und andere Organismen Lebensräume bietet. Oftmals sind solche Habitatbäume bereits teilweise oder auch ganz abgestorben, ökologisch aber von großer Bedeutung und daher unbedingt schützenswert. Regelmäßige fachliche Baumkontrolle sorgt für statische Sicherheit.

**Heimische Wildpflanzen:** frei in der Natur vorkommende, sich verbreitende und erhaltende Arten. In ihrem natürlichen Verbreitungsgebiet spricht man von »heimischen« Arten. Für Mitteleuropa gelten rund 4.200 Wildpflanzen als heimisch und dadurch ökologisch wertvoll für die Gartengestaltung. Wildpflanzen weisen regional unterschiedliche Merkmale auf. So unterscheidet sich ein brandenburgisches Gänseblümchen genetisch vom hessischen. Regional natürlich vorkommende Pflanzen nennt man »gebietseigen«.

**Käferkeller:** Dabei handelt es sich um ein künstlich angelegtes Biotop, das durch die Verwendung von Totholz Insekten, darunter vor allem Käfern, aber auch vielen anderen Organismen Lebensraum bietet. Er beinhaltet optimalerweise stehendes und liegendes Holz in unterschiedlichen Erhaltungsstadien.

**Kulturfolger:** Tiere oder Pflanzen, die dem Menschen in seine Kulturlandschaft (Äcker, Forste, Siedlungen usw.) folgen, weil sie dort durch die menschengemachten landschaftsverändernden Maßnahmen Vorteile erlangen. Diese umfassen beispielsweise eine bessere oder einfachere Ernährung, sicherere Lebensräume, Schutz vor natürlichen Feinden. Ein Teil dieser Kulturfolger ist heute vom Aussterben bedroht, etwa Igel, Feldhamster oder Kiebitz.

**Magerbeet:** ein humusarmes Beet, optimalerweise mit folgender Schichtung: Auf vorhandenem Boden wird eine Drainageschicht aus Ziegelbruch, (Kalk-)Schotter und/oder grobem Kies, eine Substratschicht aus Sand mit magerem Unterboden und eine Mulchschicht aus feinem Kies aufgebracht.

**Naturmodul:** kleine Baueinheiten, auch »Minibiotope« genannt, die nach dem Vorbild der Natur gezielt Lebensraum schaffen und Artenvielfalt fördern. Hierzu zählen unter anderem Totholzhaufen, Steinhaufen, Sandarien, Teiche, Tränken, Trockenmauern, Nisthilfen, lebendige Zäune, Käferkeller und Eidechsenburgen. Mehr zum Thema Naturmodule unter www.hortus-netzwerk.de.

**Naturnaher Garten:** Hier wird überwiegend mit einer standortangepassten Auswahl der rund 4.200 in Mitteleuropa heimischen Wildpflanzen giftfrei, unter Verwendung regionaler Baustoffe und in möglichst geschlossenen Kreisläufen (Kompostierung) gegärtnert. Natürliche Prozesse und Entwicklungen sind erwünscht.

**Neobiota:** Der Begriff fasst eingeschleppte oder eingewanderte Tierarten (Neozoen), Pflanzenarten (Neophyten) sowie Pilze und Mikroorganismen (Neomyceten) zusammen. Gärtner sollten auf die Pflanzung invasiver, also sich stark ausbreitender Pflanzen wegen möglicher Schädigung der Ökosysteme verzichten.

**Ökosystem:** Ein Ökosystem besteht aus unbelebten Teilen, die das Biotop bilden, und aus belebten Teilen (Biozönose).

**Sandarium:** künstlich geschaffenes Sandareal in vollsonniger, regengeschützter Lage, das bodenbrütenden Insekten wie beispielsweise zahlreichen Wildbienenarten oder Hautflüglern als Nistbereich dienen soll.

**Steinhaufen oder –pyramide:** platzsparende Möglichkeit, durch entstehende Hohlräume Rückzugsmöglichkeiten für Amphibien, Reptilien, Insekten und Kleinlebewesen zu schaffen und gleichzeitig das Gelände zu modellieren. Beide speichern Wärme.

**Stumpery:** aus der englischen Gartentradition stammendes Arrangement von Wurzelstöcken, das nicht nur der Optik dient, sondern auch Lebensraum für verschiedene Organismen bietet.

**Totholz:** Gesamtheit des absterbenden oder bereits toten Holzes einer Pflanze oder einzelne Teile davon. Nicht zu vergessen sind dabei unterirdische Pflanzenteile und verholzte Früchte. Totholz stellt die Lebensgrundlage für einen Großteil biologischer Vielfalt dar.

**Trachtfließband:** möglichst durchgehendes Nahrungsangebot für Insekten vom zeitigen Frühling bis in den Spätsommer. Der ursprünglich aus der Imkerei stammende (also auf das Haustier Honigbiene ausgelegte) Begriff denkt inzwischen auch wilde Insekten mit. Eine ausgeklügelte Anpflanzung mit heimischen Wildstauden kann die in den meisten Gärten auftretende Sommerlücke schließen.

**Trockenmauer:** Hier werden Natursteine oder Recyclingmaterial (etwa Ziegel oder ausrangierte Gehwegplatten) ohne Zuhilfenahme von Mörtel geschichtet. Die Trockenmauer ist entweder frei stehend oder stützend, beispielsweise als Beet- oder Hangbegrenzung. Ihre Ritzen dienen als Rückzugsorte für Tiere.

**Wanderer im Garten:** Viele kurzlebige Stauden oder zweijährige Pflanzen erhalten sich durch Aussaat und ergeben so im Garten ein zufälliges und natürliches Bild, wenn sie sich auf Wanderschaft begeben.

**Wilde Ecke**: Bereich im Garten, der sich über einen längeren Zeitraum ungestört entwickeln darf. Es werden sich standortangepasste Pflanzen und damit früher oder später auch Wildtiere ansiedeln.

## *Adressen und Anlaufstellen:*

### Bezugsquellen Saatgut einheimischer Wildpflanzen und Kleintopfstauden

Gärtnerei StaudenSpatz, 82386 Oberhausen, www.staudenspatz.de

Hof Berg-Garten, 79737 Herrischried, www.hof-berggarten.de

Kräuter- und Wildpflanzen-Gärtnerei Strickler, 55232 Alzey-Heimersheim, www.gaertnerei-strickler.de

Rieger-Hofmann GmbH, 74572 Blaufelden-Raboldshausen, www.rieger-hofmann.de

Staudengärtnerei Gaißmayer, 89257 Illertissen, www.gaissmayer.de

Wildblüten, 15366 Neuenhagen, www.wildblueten.de

Die Wildstaudengärtnerei, CH-6274 Eschenbach, www.wildstauden.ch

Wilde Blumen OG, A-4844 Regau, www.wildeblumen.at

**Bund für Umwelt- und Naturschutz Deutschland (BUND) e. V.:** Er engagiert sich als einer der großen Umweltverbände Deutschlands für ökologische Belange in allen Bereichen. Die Landes- und Regionalgruppen bieten auch für Gärtner zahlreiche Informationen auf ihren Websites an. www.bund.net, www.bund-naturschutz.de

**Deutsche Umwelthilfe:** Als gemeinnütziger, politisch unabhängiger Verein setzt sich die Deutsche Umwelthilfe für Natur-, Umwelt- und Verbraucherrechte ein. Gärtnernde finden unter dem Suchbegriff »Garten« etliche Beiträge zum Thema. www.duh.de

**Hortus-Netzwerk:** Unter dem Leitspruch »Vielfalt, Schönheit, Nutzen« ist das Hortus-Netzwerk Anlaufstelle für all jene, die sich für alternative Gartengestaltung nach dem Drei-Zonen-Garten-Modell von Markus Gastl interessieren und mit Gleichgesinnten austauschen wollen. www.hortus-netzwerk.de

**Landesbund für Vogel- und Naturschutz in Bayern (LBV):** Der LBV setzt sich u. a. für Artenschutz, Lebensraumerhalt und nachhaltige Gestaltung der Zukunft ein. Unter der Rubrik »Ratgeber« finden Garten- und Balkonbesitzer Infos und Tipps. www.lbv.de

**Naturgarten e. V.:** Wer sich für naturnahe Gestaltung im eigenen Garten, aber auch auf Schulhöfen, Spielplätzen, dem Firmengelände und im öffentlichen Raum interessiert, findet auf der Website fundierte Informationen. www.naturgarten.org

**Naturschutzbund Deutschland (NABU) e. V.:** Als ältester Umweltschutzverband Deutschlands setzt sich der NABU für alle möglichen Umweltschutzbelange ein. Gärtnernde finden zahlreiche Tipps und Informationen für die Anlage und Pflege des Gartens. www.bund-naturschutz.de/oekologisch-leben/naturgarten/lebensraum-garten

**Notfall-Hotlines Eichhörnchen:** Unter den beiden Notfall-Hotlines erhalten Finder von Eichhörnchen umgehend kompetente Unterstützung: Tel. 0700/20020012 oder Tel. 0176/55376864

**Pro Igel e. V.:** Der bundesweit tätige Igelschutzverein versorgt Laien auf seiner Website mit wertvollen und ausführlichen Informationen rund um den Igel. www.pro-igel.de

**Umweltbundesamt:** Auf der Website des UBA finden auch Gärtnernde zahlreiche Tipps und Empfehlungen. www.umweltbundesamt.de/umwelttipps-fuer-den-alltag/garten

## *Literatur*


Altmoos, Michael: Der Moosgarten: Naturnah gestalten mit Moosen – Praxiswissen, Inspiration, Naturschutz, Darmstadt: Pala, 2019.

Bezzel, Einhard: 55 Irrtümer über Vögel, Wiebelsheim: Aula, 2018.

Breuste, Jürgen: Die wilde Stadt: Stadtwildnis als Ideal, Leistungsträger und Konzept für die Gestaltung von Stadtnatur, Berlin: Springer Spektrum, 2022.

David, Werner: Lebensraum Totholz. Gestaltung und Naturschutz im Garten, Darmstadt: Pala, 2020.

Ehrmann, Otto: Regenwürmer in den Böden Baden-Württembergs – Vorkommen, Gefährdung und Bedeutung für die Bodenfruchtbarkeit, in: Berichte der Naturforschenden Gesellschaft zu Freiburg im Breisgau, Band 105, 2015, S. 125–176.

Foitzek, Susanne/Olaf Fritsche: Weltmacht auf sechs Beinen. Das verborgene Leben der Ameisen, Hamburg: Rowohlt, 2023.

Gastl, Markus: Permakultur und Naturgarten. Nachhaltig gärtnern nach dem Drei-Zonen-Modell, 2. Aufl., Stuttgart: Ulmer, 2021.

Haeupler, Henning/Thomas Muer: Bildatlas der Farn- und Blütenpflanzen Deutschlands, Stuttgart: Ulmer, 2007.

Helbig, Birgit: Mein Garten wird ein Naturgarten: Lebensraum für Menschen, Pflanzen und Tiere gestalten, Darmstadt: Pala, 2024.

Hörren, Thomas: Vom Leben im Totholz: Die verborgene Welt von Insekten und anderen Lebewesen, Salzburg, Wien: Residenz, 2024.

Lehnert, Hans-Joachim/Karlheinz Köhler/Dorothee Benkowitz: Schulgärten: Anlegen, pflegen, nutzen, Stuttgart: Ulmer, 2016.

Raith, Andreas/Armin Lude: Startkapital Natur: Wie Naturerfahrung die kindliche Entwicklung fördert, München: Oekom, 2014.

Rosenfelder, Diana: Bildungsraum Garten. Warum das Außengelände naturnah gestaltet sein sollte, in: KrippenKinder Jg. 2, Nr. 3, 2021, S. 22–24.

Segerer, Andreas/Eva Rosenkranz: Das große Insektensterben: Was es bedeutet und was wir jetzt tun müssen, 4. Aufl., München: Oekom, 2019.

Wendebourg, Tjards: Der Kies muss weg. Gegen die Verschotterung unserer Vorgärten, Stuttgart: Ulmer, 2020.

Westrich, Paul: Wildbienen: Die anderen Bienen, 5. Aufl., München: Dr. Friedrich Pfeil, 2015.

Westrich, Paul: Die Wildbienen Deutschlands, Stuttgart: Ulmer, 2018.
Wirth, Christian/Helge Bruelheide/Nina Farwig/Jori Marx/ Josef Settele: Faktencheck Artenvielfalt: Bestandsaufnahme und Perspektiven für den Erhalt der biologischen Vielfalt in Deutschland. Zusammenfassung für die gesellschaftliche Entscheidungsfindung, München: Oekom, 2024.
Witt, Reinhard: Das Wildpflanzen Topfbuch. Ausdauernde Arten für Balkon, Terrasse und Garten. Lebendig, pflegeleicht, nachhaltig, 4. Aufl., Regensburg: Naturgarten, 2017.
Witt, Reinhard: Natur für jeden Garten: Das Einsteigerbuch, 4. Aufl., Regensburg: Naturgarten, 2021.

*Internetquellen*

Cervera-Mata, Ana/Miguel Navarro-Alarcón/José Ángel Rufián-Henares/Silvia Pastoriza/Javier Montilla-Gómez/ Gabriel Delgado: Phytotoxicity and chelating capacity of spent coffee grounds: Two contrasting faces in its use as soil organic amendment, in: *The Science Of The Total Environment*, Bd. 717, 2020, S. 137247, [online] https://sciencedirect.com/science/article/abs/pii/S0048969720307579 [20.01.2025].
Chalker-Scott, Linda: Using Coffee Grounds in Gardens and Landscapes, Washington State University, Extension fact sheet, 207E, 2376/121963, [online] https://pubs.extension.wsu.edu/using-coffee-grounds-in-gardens-and-landscapes-home-garden-series [15.01.2025].
Hardgrove, Sarah J./Stephen J. Livesley: Applying spent coffee grounds directly to urban agriculture soils greatly reduces plant growth, in: *Urban Forestry & Urban Greening*, Bd. 18, 2016, S. 1–8, [online] https//www.sciencedirect.com/science/article/abs/pii/S1618866716300103 [15.01.2025].
Kölzsch, Andrea/Thomas K. Lameris/Gerhard J. D. M Müskens/ Kees H. T. Schreven/Nelleke H. Buitendijk/Helmut Kruckenberg/ Sander Moonen/Thomas Heinicke/Lei Cao/Jesper Madsen/ Martin Wikelski/Bart A. Nolet: Wild goose chase: geese flee high and far, and with aftereffects from New Year's Fireworks, Conservation Letters, [online] https://www.researchgate.net/publication/365737729_Wild_goose_chase_Geese_flee_high_and_far_and_with_aftereffects_from_New_Year%27s_fireworks [23.2.20025].

Lehner, Simon/Stefan Schulz/Stefan Dötterl: The mystery of the butterfly bush Buddleja davidii: How are the butterflies attracted?, in: *Frontiers in Plant Science*, Bd. 13, 2022, [online] https//www.frontiersin.org/journals/plant-science/articles/10.3389/fpls.2022.994851/full [20.01.2025].

Lepczyk, C. A./J. E. Fantle-Lepczyk/K. D. Dunham et al.: A global synthesis and assessment of free-ranging domestic cat diet, in: *Nature Communications* 14, S. 7809, 2023, [online] https://www.nature.com/articles/s41467-023-42766-6 [18.12.2024].

Regenwürmer (o. D.): LfL, [online] https://www.lfl.bayern.de/iab/boden/030961/index.php [13.02.2025].

Schnug, Ewald: Wege aus der Bodenbelastung durch Uran und Cadmium aus der Düngung mit mineralischen Phospordüngern, 28. Hamburger Kolloquium zur Abwasserwirtschaft, 21./22. September 2016, [online] https://www.researchgate.net/publication/302415614_Wege_aus_der_Bodenbelastung_durch_Uran_und_Cadmium_aus_der_Dungung_mit_mineralischen_Phospordungern [19.01.2025].

Umweltbelastungen der Landwirtschaft, in: Umweltbundesamt, 14.02.2024, https://www.umweltbundesamt.de/themen/landwirtschaft/umweltbelastungen-der-landwirtschaft/duengemittel [07.01.2025].

Windmann, Heike: Ein Beitrag zur Gefährdungsabschätzung der Kontamination der Nahrungskette durch Uran aus phosphorhaltigen Düngemitteln, Lebensmittel- und Futtermittelzusatzstoffen, Dissertation, Technische Universität Carolo-Wilhelmina zu Braunschweig, 2019, [online] https://leopard.tu-braunschweig.de/servlets/MCRFileNodeServlet/dbbs_derivate_00046859/Diss_Windmann_Heike.pdf [12.01.2025].

*Fotonachweis*

Kapitel 1, 5, 7, 9, 19, 20, 22, 23, 25, 26, 28, 31, 32, 33, 34, 37, 41, 42, 43, 44, 46, 49, 51, 55, 56, 57, 58, 60, 61 oben, 62, 63, 65, 68, 71, 82, 86, 93, 96, 98 oben, 101, 104, 108, 109, 110 oben: Susanne Emka; Kapitel 2: Niklas Würch; Kapitel 3, 10 oben, 16, 36, 40, 99, 102: Birgit Helbig, www.natur-garten-helbig.de; Kapitel 4, 6, 8, 11, 12, 13, 14, 15, 17, 21, 24, 27, 35, 38, 39,45, 52, 53, 64, 67, 70, 73, 74, 80, 81, 83, 84, 85, 86, 87, 91, 94, 105, 107: Harald Klier; Kapitel 10 unten: iStock/Andrii Borodai; Kapitel 18: pixabay/Hans; Kapitel 29, 48: Stefanie Biel, Naturgarten e. V.; Kapitel 30: iStock/Gabdulvachit Konurov; Kapitel 47: pixabay/ariesa66; Kapitel 50: pixabay/jhenning; Kapitel 59: pixabay/music4life, Kapitel 61 unten: pixabay/neelam279, Kapitel 66: pixabay/Nennieinszweidrei; Kapitel 69: pixabay/Didgeman; Kapitel 72:pixabay/SandeepHanda; Kapitel 75: iStock/AGAMI stock; Kapitel 76: pixabay/Hundankbar, Kapitel 77 oben: pixabay/Oldiefan, unten: pixabay/Alexas_Fotos; Kapitel 78: pixabay/Inde; Kapitel 79: oben und unten: pixabay/Alexas_Fotos; Kapitel 88: iStock/Ahatmaker; Kapitel 89: iStock/Sandra Alkado; Kapitel 90 unten: iStock/beekeepx; Kapitel 92: pixabay/_sandrakula_; Kapitel 95 oben: iStock/Henrik_L, unten: iStock/Henk Wallays; Kapitel 97 oben: iStock/beekeepx, unten: iStock/Tetiana Mykytiuk; Kapitel 98 unten: David Seifert, www.naturgartenexperten.de; Kapitel 100: pixabay/pexels; Kapitel 103: pixabay/bernswaelz; Kapitel 106: pixabay/ClaroCafe; Kapitel 110: Markus Gastl, www.hortus-insectorum.de; Kapitel 111: Christopher Schultes, Herbios

**Susanne Maria Emka** veröffentlicht Kinder- und Sachbücher in verschiedenen Verlagen. Grüne Themen liegen ihr als Naturgärtnerin und Nature Guide ganz besonders am Herzen. Kindern wie Erwachsenen die Schönheit und Vielfalt der Natur nahezubringen ist dabei eines ihrer Hauptanliegen.
Mehr zur Autorin unter www.susanne-m-emka.de oder auf Instagram unter @susanne.m.emka.